水と〈まち〉の物語

水都ブリストル

輝き続けるイギリス栄光の港町

石神 隆

法政大学出版局

刊行の言葉

陣内 秀信

「環境の時代」と言われ、持続可能な都市づくり、地域づくりの重要性が叫ばれる現在、それを実現するための理念と方法を探究することが問われています。

その課題に応えるべく、法政大学大学院エコ地域デザイン研究所が二〇〇四年に設立されました。経済を最優先する急速で大規模な開発とグローバリゼーションの進行で、環境のバランスと文化的アイデンティティを失った日本の都市や地域を根底から見直し、持続可能な方向で個性豊かに蘇らせることを目指しています。

特に注目するのは、かつて豊かな生活環境を生み、独自の文化を育む重要な役割を担ったにもかかわらず、手荒な開発で二十世紀の「負の遺産」におとしめられてきた「水辺空間」です。変化に富む自然をもち水に恵まれた日本には、川、用水路、掘割と運河、そして海辺など、歴史の中で創られた美しい水の風景が随所に見出せます。ところが戦後の高度成長以後、その価値がすっかり忘れられ、開発の犠牲になりました。私達はこうした水辺空間の復権・再生への思いを共有し、そのための理念と方法を探る研究に学際的に取り組んでいます。従来、別個に扱われることの多かった〈歴史〉と〈エコロジー〉を結びつける発想に立ち、日本の風土に似つかわしい地域コミュニティと水環境の親しい関係を再構築する道を探っています。

本シリーズは、この法政大学大学院エコ地域デザイン研究所によって生み出される一連の研究成果を刊行するために企画されました。世界各地の、そして東京をはじめ日本の様々な地域の魅力ある水の〈まち〉が続々と登場いたします。〈水〉をキーワードに、それぞれの場所のもつ価値と可能性を再発見し、地域の再生に導くためのビジョンを具体的に示していきたいと考えています。都市や地域の歴史、文化、生活に関心をもつ方々、二十一世紀の「環境の時代」にふさわしい都市・地域づくりに取り組む方々など、広く皆様にお読みいただけることを願っています。

目次

序章　ブリストル点描　11

ロンドンの西に位置するブリストル（Google map をもとに作成）

序章　ブリストル点描

ブリストルは、イングランド南西部に立地する古くからの港町である。人口は現在四三万人余、ロンドンを除く地方都市ではイングランドで第六位、イギリス全体で八番目に大きなまちである。推計によると、一四世紀から一六世紀にかけては、地方都市の中で常に一、二位の人口を争う大都市であった。そして、それは、産業革命による新興都市群が出現する前の一八世紀半ばまで続いたのである。所有した船舶の数においても、一八世紀初頭には、ロンドンに次ぐ規模であったことがわかっている。

往時イングランドで最大の地方都市であったこのブリストルについて、まずはその雰囲気を知るために、いくつかの側面を描写してみようと思う。

1　ハーバーサイドとブリストリアン

かつて繁栄した都市は、多くの歴史的な遺産を抱えている。ブリストルは、その再生と活用がとても上手な都市である。目にみえる大きな遺産の代表は古い港。エイボン川の河口を遡ったところに展開す

ハーバー・フェスティバルの風景．背景の建物はロイズ TSB 本部（筆者撮影）

るこのまちは、一七世紀から一九世紀初頭までロンドンに次ぐイギリス第二の地位を争う貿易港として繁栄を極めた。

現在の本格的な港は海岸部に移転しているが、以前の港は、ほぼそのままの形で市の中心部に残されている。エイボン川河口は干満差最高一四メートルという、世界でも一、二を争う珍しい感潮水域である。日々のこの変化をロック（閘門）で人工的にコントロールし、一定の水位に保ったフローティング・ハーバーが旧港である。

歩いていると、何とも懐かしい石炭の煙の匂いが漂ってくる。見ると、埠頭を蒸気機関車が走っている。さらに、水上では蒸気船が煙を吐き、岸壁の蒸気クレーンも音を立てている。まるで一〇〇年以上前の港に迷い込んだようだ。

ハーバーサイドの再生は、まちの大きなテーマ。機関車も、蒸気船も、実は市の博物館の演出装置だ。橋の近くの船上レストランは静かに明かりを灯し、

ハーバーの日常風景．水面はすべてプレジャーとして利用（筆者撮影）

元の岸壁に並んでいるパブからは老若男女の賑やかな声が聞こえる。さまざまなボートや帆船が浮かび、動き、全体が一つの劇場的な空間を創り上げることに成功している。骨董物のバージ船の手入れに余念のない老紳士、スマートなカッターを練習する学生たちもそれぞれが舞台役者の一員だ。

夏に開かれるハーバー・フェスティバルは、また格別。国内各地、遠くはアイルランドや大陸からも帆船が来港し、海事大国イギリスのかつての偉大さを見せつけられる。時刻によっては川底が見えそう

ハーバーサイドの日常風景．埠頭クレーン，蒸気機関車，蒸気船などを動態展示（筆者撮影）

なあのエイボン川を遡って、この港にこんなに大きな船がよく来たものだ、と感心してしまう。

さて一方、眼に見えない大きな遺産の代表は、ブリストルあるいはブリストリアン（ブリストル市民）という言葉の持つ、何となく誇り高い響き、シティ・プライドだ。'Bristol' 自体が、技術の粋を表した高級車や航空機の誇りある商標でもあった。

ルーツの一つが一六世紀のマーチャント・ベンチャー学校という、ブリストルの生い立ちとも深い関係にある地元大学の古参教授に、そのニュアンスを聞いてみた。

ブリストルはね、常に先端を切り拓いてきた。それがこのまちの誇りさ。技術や経済はもちろん、文化の創造においてもね。北米東海岸に最初に到達したのはブリストルからの船だよ。一七〇年前に当時世界最大の鋼製汽船グレート・ブリテン号を造ったのも、また、しばらく前に超音速旅客機コンコルドを製造したのも、このブリストルの地さ。

あ、そうそう、大事なことをいい忘れていた。大きな間違いもしてきたよ。アフリカの奴隷をアメリカに売り、タバコと砂糖を持って帰って富を築いたのもブリストル商人だったさ。過去のブリストルの功罪を天秤にかけるとどちらに傾くか、私にはわからないけどね。

たしかに、ブリストルやブリストリアンという響きの中には、叩けば埃も出そうな何ともいえない大人の雰囲気が漂っているが、とても誇り高い気風を含んでいることは事実。このシティ・プライドを現代風にアレンジ・再生し、次代のクリエイティブでサステイナブルな都市の原動力にしようというのが、市のまちづくり戦略の一つである。

2　スティーブンソンの「宝島」

一八八〇年代に著されたロバート・スティーブンソンの海洋冒険小説「宝島」の舞台はブリストルから始まる。まちから離れた海辺の宿屋に現われた、箱を抱え顔に刀傷のある謎の大男。追跡してきたらしい正体不明な男との乱闘。宿屋の息子である主人公は、死んだ大男の持っていた箱に、海賊団の財宝を隠した大西洋の孤島の地図が入っていることを知る。それを知った大地主は、ブリストルの波止場で居酒屋を開いていた胡散《うさん》臭い男の力を借りて乗組員を集め、主人公を連れ財宝探しの航海に出る。といったなんとも怪しげな男たちの架空アクション物語。船はブリストルのドックで購入し仕立てたとある。海の冒険物語は、イギリスの少年たちだけでなく、遠く日本の男の子の心も躍らせたものである。

内容の年代記述から、一七〇〇年代の港町ブリストルの雰囲気であろうか。一九世紀に生きた著者スティーブンソンは、「宝島」の着想を、もともと一七一〇年代に書かれたダニエル・デフォーの小説「ロビンソン・クルーソー」から得たといわれている。デフォーは、主人公ロビンソン・クルーソーのモデルとなったとみられる実在の人物とブリストルのパブで会っている。南太平洋の無人島で漂流生活を送った経験をもつ航海長アレキサンダー・セルカークである。この酒場が今でも残っている。キング・ストリートの石畳に面して立つ一七世紀以来のパブ、ランドガー・トロウで、大戦の空爆により一部破壊されたが修復され営業している。海のいかつい男たちが集まっていたブリストルのまちを追体験

18世紀のブリストル港ブロードキーの風景（Bristol's Museums, Galleries and Archives）

デフォーがロビンソン・クルーソーのモデル人物と会った，17世紀より営業しているキングストリートのパブ，ランドガー・トロウ（左手前．筆者撮影）

するにはいい場所である。

一八世紀のころは、まだフローティング・ハーバーのない時代。港の水面は一日に二度大きく上下に振れ、船は干潮の時には横になってしまう。それでも荷崩れしないようにきちっと積むのが、いわゆるブリストル・ファッションである。整理整頓が行き

夜半まで賑やかなハーバーサイドのパブやレストラン（筆者撮影）

届いたきちんとした姿という意味の一般英語にもなっている。
さて、そのような世界有数の干満差をもつ川港であることから、人々の生活も他所とは違っていた。満潮の前後に全てが忙しくなる。荷の積み下ろし、出帆、その準備などなど、全てが活気を持って動き出すのが満潮の時だ。潮は船の動力源でもある。宝島の中の一節をみると、ブリストルの港で積荷の準備にもたついている男たちに怒号が飛ぶ様子がある。「そんなことしていちゃぁ、きっと明日の朝の潮時をはずしちまうぜ！」と。まさにブリストルの港の人々は、潮の時間とともに暮らしていたのである。つまり、太陽の時間ではなく、月の時間である。船乗りの唯一無二の楽しみ、居酒屋も、日々異なる月の満ち欠けで繁閑は変化する。干満の動きに従い、時ならぬ真っ昼間や夜中に客は集まってくる。
こんな、ブリストルという場所が人々に植えつけた強い遺伝子であろうか、今でもブリストルのパブは夜中まで繁盛している。俗にパーティータウンと呼ばれることもある。水辺などにある飲み屋は昼間から流行《はや》り、若者や学生、老若男女で賑やかである。隣の温泉都市バースと違い、どちらかというと観光客は多くない。地元の人々が楽しむまちである。このような、春夏秋冬、季節を問わず賑やかなパーティー的雰囲気がまた若者を呼ぶのか、若者人口が増え、近年盛んに喧伝されるクリエイティブ産業に向いているまちでもある。

3 ジョン・キャボットのマシュー号

ブリストリアンのみならずイギリス人の誇りの一つは、一五世紀の船乗りジョン・キャボットである。コロンブスと同じジェノバ生まれのイタリア人。一時ベネチア市民であったが、イギリスに移住。西海岸の最大の港町であったブリストルに住みながら大陸発見航海の機をうかがっていたという。国王ヘンリー七世の勅許を得て一四九六年に出航するも引き返し再挑戦。翌年にカナダに上陸、新発見の地、すなわちニューファウンドランドと名づけ英国旗を立てる。九八年の航海ではデラウェア、チェサピーク湾をヨーロッパ人としてはじめて発見する。なお、これが、後年イギリスが北米大陸の所有権を主張する根拠になった。

岸壁（ナローキー）に立つジョン・キャボットの像．対岸の建物はパブ（筆者撮影）

キャボットの成功の裏には、ブリストルのもっていた造船や高度の操船の技術がある。ブリストルでは近年になり、キャボットの歴史を顕彰するため、同形で同名の木造帆船マシュー号を建造しカナダま

木造帆船マシュー号（右），左側，丘の上に立つのがキャボット・タワー（筆者撮影）

で実際に再現帆走している。同船は現在、ブリストルのフローティング・ハーバーに係留され、子供たちを乗せて港内で運航、まちの誇りの伝承に力を注いでいる。

キャボットの顕彰はこれだけにとどまらない。岸壁のブロンズ像をはじめ、港を一望する中心部の丘ブランドン・ヒルには、エリザベス朝の一八九八年に北米大陸発見四〇〇年を記念して公募金で建てられたキャボット・タワーがある。また、最近の二〇〇八年にオープンした市内の大型商業モールにも名前が使われている。このモールの名称は、当初、マーチャンツ・クオーターとする予定であったが、奴隷商人を連想させるとの市民の反対で、投票によりキャボット・サーカスとなったものである。このようなところに、ブリストル市民の心に深く根を下ろした、かつての栄光と影の部分が透けてみえるようである。

北米大陸発見後、ブリストルの港の価値は急騰す

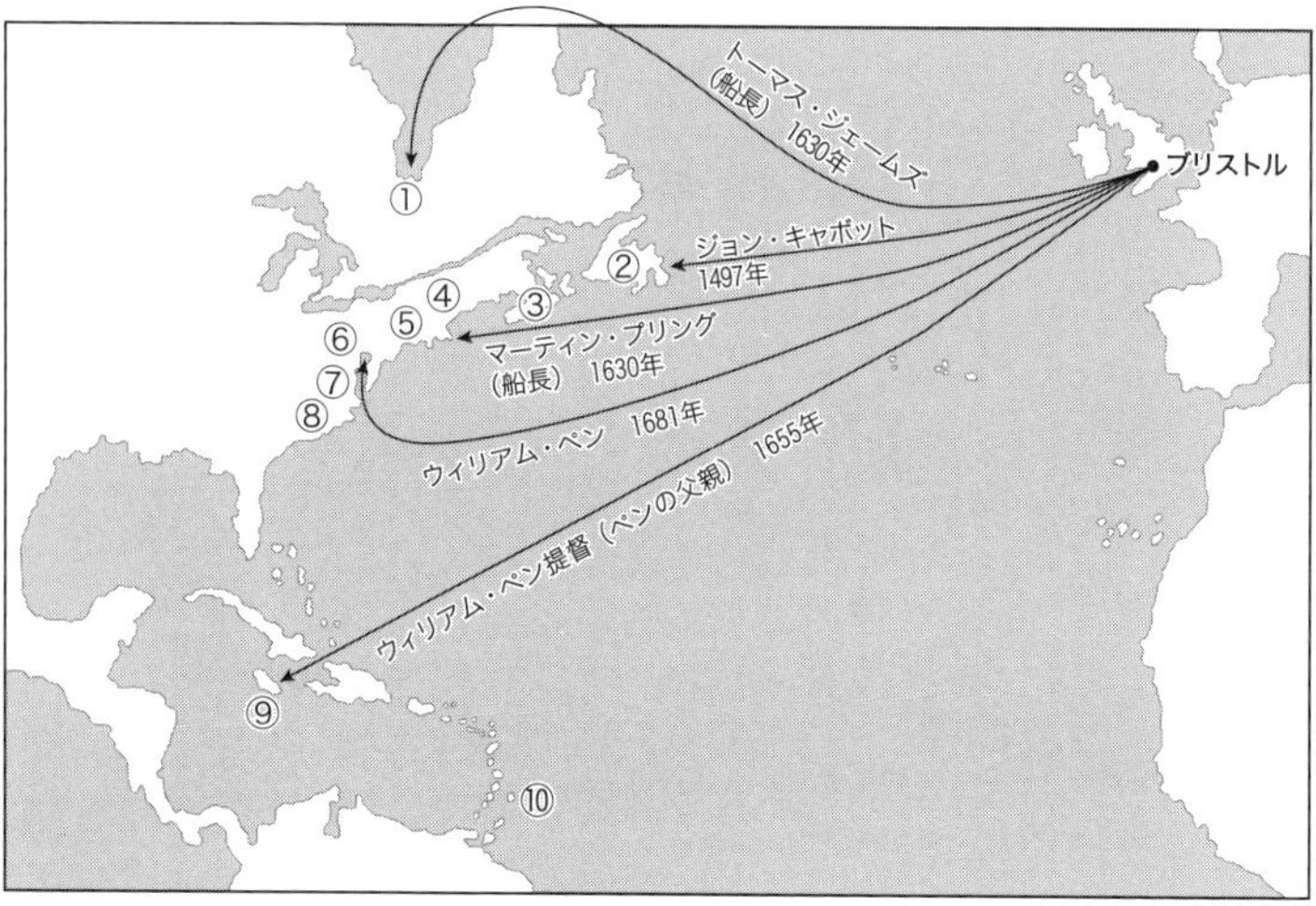

ブリストルから新大陸への進出（H. G. Brown, *Bristol England,* Rankin Brothers, 1946 をもとに作成）

①ハドソン湾 ②ニューファウンドランド ③ノバスコシア ④ニューイングランド ⑤ニューヨーク ⑥ペンシルベニア ⑦バージニア ⑧ノースカロライナ，サウスカロライナ ⑨ジャマイカ ⑩バルバドス

る。ロンドンが東海岸に位置するのに対し、新大陸に近い西海岸という有利なポジションにあったからだ。当時のこと、ロンドンから北海経由の大西洋航海は時間がかかる以上に、周辺海域での海賊襲来のリスクも高かった。これが後にロンドンから奴隷貿易を移行させ、一時最大の三角貿易拠点として繁栄を謳歌したブリストルの地理的優位性であった。その後、時代が下り、新興のリバプールに奴隷貿易の経済的旨味を全て譲る形になるが、当時の巨利が、現在に至るブリストルの重厚な都市インフラの源泉になったことは否めない事実である。

4 ブリストル・クリーム

ブリストルの名産品はあまり知られていない。どちらかというと幅広く多角的な産業が展開していた。今でこそ、航空機等のハイテク産業や、映像文化産業が盛んなイギリス有数の産業都市であるが、中世から近世にかけては、造船や、真鍮製品、ガラス、砂糖、また毛織物などが一部後背地を含めての主な産業分野であった。いうまでもなく、それぞれ港と関係が深い。毛織物は当初からの輸出品であったし、真鍮やガラス製品は、三角貿易における西アフリカでの奴隷との交換品の一部であり、砂糖原料は奴隷労働の産物であった。

中世の輸入品でウェイトの高いものは、ワインである。フランスワインの輸入の歴史は古い。フランス南西のガスコーニュ地域のワインはボルドー経由で輸出されたが、ブリストルが最初の仕向け地であったという。同地がイングランドの支配下にあった一二世紀の話である。以後一四世紀までフランスワインを積んだ船でブリストルの港は賑わっていた。フランスとイギリスの折り合いが悪くなってきたとき、ブリストル商人がつぎの輸入元に選んだのはスペインとポルトガルであった。その中で、アルコール度数を高めたワイン、すなわちシェリー酒が入ってくるようになる。ブリストルの港はシェリーの芳《かんば》しい香りがいつも漂っていたという。

ブリストルで売られるシェリー酒のことを、ブリストル・ミルクと呼ぶ。一七世紀のはじめ、ある粋な作家が次のような内容を記している。「ブリストルの街にはシェリー酒の湿気が漂っている。だから、ブリストルで生まれた赤ん坊が最初に吸いこむのはそれ、シェリー酒、すなわちブリストル・ミルクなのだ。誰かがそう話していた」と。樽から洩れるワインやシェリーの香り、居酒屋の繁盛、その頃のブリストルはまさに日夜アルコールの空気が漂っていたのも確かなようだ。ワイン類の輸入量は国内最大であった。港町の繁栄が手に取るように感覚的によくわかる。

一九世紀、酒販売会社が、シェリー酒をいくつかブレンドする試験をしていた。テイスティングに現われたフランス人女性がその美味《おい》しさに惚れて、「あちらがミルクでしたら、こちらの美味しいお酒はクリームに違いないわ」と感嘆の声を漏らす。さっそく店はそのネーミングを商標登録する。これが、現在に至るブリストルの名物、ハーベイ社のブリストル・クリームである。後日談がある。二〇世紀になってすぐ、酒に目のなかった皇太子（ジョージ五世）がブリストルを訪れたとき、「ブリストルのまちは、なんとまあ素晴らしい牛を飼っていることか」とつぶやいていたという。

ブリストルの名産は、酒好きのためのものだけではない。チョコレートもあった。これは実はかなり有名なフライというブランドのチョコレート。一時、イギリス全土の市場を席巻していたココアやチョコの最大の名門である。もともとココアの粉から固形のチョコを発明したのが創業者ジョセフ・フライである。一九世紀以来、市内の工場は拡張に拡張をとげ、多いときには四〇〇〇人を超す雇用を提供していた。二〇世紀後半に同じチョコレートメーカーのキャドバリー社に吸収され、フライの商号はすでになくなっているが、イギリスの年配の方でフライのベストセラーチョコレート、ターキッシュ・デライトの名前を知らない人はいない。

イギリスにはかつて三大チョコレート企業があった。ブリストルのフライ社、バーミンガムのキャドバリー社、ヨークのローントゥリー社である。フライを吸収したキャドバリーは、米国クラフト社に買収され、現在はモンデリーズ社として国際市場に展開しているが、世界一、二を争うチョコレートメーカーである。ローントゥリーは、キットカットの名称のチョコがヒットした老舗メーカーで、現在はスイス・ネスレ社の一部となっている。この元祖三大企業の創業家は、それぞれクエーカー教徒というつ

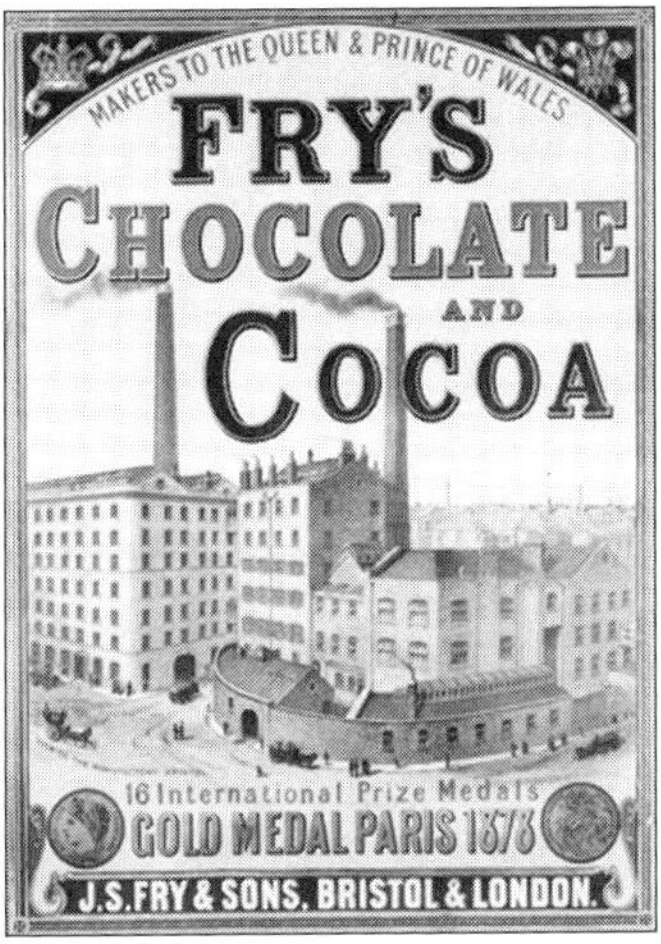

右：1796年創業ハーベイ社のブリストル・ミルクのポスター．同社のオリジナル商品はブリストル・クリーム（D. Bolton, *Made in Bristol,* Redcliffe, 2011）
左：1777年ブリストル中心部ユニオン・ストリートに工場を建設した旧フライ社．往時英国最大のチョコレート会社（D. Bolton, *Made in Bristol,* Redcliffe, 2011）

ながりがある。同教徒は特にブリストルに多かった。歴史の中で、奴隷貿易廃止に奔走した勢力の一つはクエーカーであった。時代はさかのぼるが、理想の地の建設を胸に描いて米国に渡り、ペンシルベニア州を建設した、有名なウィリアム・ペンも同教徒で、提督だった父親がブリストルの人である。

もう一つ、身近な品としてタバコを挙げておこう。一八世紀にブリストルにやってきてタバコ店を開いた一家が創業した、ウィルズというタバコ会社がある。紙巻タバコ・シガレットで大成功しイギリス各地に生産展開していった。現在、イギリス最大、世界第四位のインペリアル・タバコ社の前身であり、現在も同社はブリストルにその本社がある。ウィルズの名前はタバコからは消えているが、ブリストル大学のウイルズ・ホールやウィルズ・タワーに一家の名前が残っている。それぞれ寄贈したもので、特に後者のタワーは、ブリストルの目抜き通りパーク・ストリートに聳《そび》えるネオゴシックの重厚な建物で、ブリストルの有名なランドマークの一つである。

これら、ココアやタバコが、新大陸やアフリカでのプランテーションと関係深いことはいうまでもない。チョコレートに使う砂糖も実はブリストルの特産品であった。都市規模と比較した率でみれば、ロンドンをはるかに越える数の精糖工場が存在していたのもブリストルである。ブリストルを少し覗けば、港を中心とした近世、近代のダイナミックな世界史の一部が見えてくる。

パーク・ストリートに聳えるブリストル大学のウィルズ・タワー．1787年ブリストルで創業，英国一となったタバコ会社旧ウィルズ社が寄贈したもの（筆者撮影）

5　イサムバード・ブルネル

もう一つ、ブリストルで大活躍した一人の人物について述べなければ、誇り高きブリストリアンにそっぽを向かれてしまう。その人物は、ブルネル（Isambard Kingdom Brunel, 1806-59）。ビクトリア朝時代を彗星のごとく駆け抜け、今日の英国の基礎を創った土木・機械エンジニアである。七、八年前にBBC放送が行った「英国人が選ぶ偉大な英国人一〇〇人」アンケートでは、チャーチルに次ぎ堂々二位に入っている。ちなみに三位以下はダイアナ、ダーウィン、シェイクスピアと続く。ニュートンやジョン・レノ

右：イサムバード・ブルネル（Library of the University of Bristol, Isambard Kingdom Brunel archive, http://www.bristol.ac.uk/library/resources/specialcollections/archives/brunel/ikbrunel.html）
左：クリフトン・サスペンション・ブリッジ（筆者撮影）

ンも一〇位以内であるが、ブルネルの人気の高さは断トツである。土木などの業界や、ブルネルの名前を持つ大学など関係者あげて票の後押しもあったとの風聞はさておき、当時生誕二〇〇年を寿《ことほ》ぎ、あらためて顕彰しようと考えたイギリス人が多かったのは事実である。

　ブルネルは若い時、数学教育をしっかりと受け、またフランスで芸術的素養も積み、その基礎の上に現場の経験を数多く踏んでいった。最初の現場が、拡大するロンドンの交通をさばくためのテームズ川の地底トンネル。地盤がゆるいこの難工事は、世界最初のシールド工法として有名であるが、弱冠二〇歳の彼はこの主任技師として活躍している。

　そこでの事故で九死に一生を得、休養に来たのがブリストルの地。当時、ブリストルには有名な保養温泉地ホットウェルがあった。たまたまその時ブリストルでは、市内の難関エイボン峡谷に架ける橋の設計競技が開かれようとしていた。二三歳になった彼は、画期的な長大吊橋を提案する。当時の土木学会の権威、テルフォード卿による「そんなもの無理」という通念による反対を理論と芸術性で押し切って優勝。これが、現在も供用されているス

当時世界最大の鋼鉄船グレート・ブリテン号の進水式典，1843年（Joseph Walter の絵，http://www.ssgreatbritain.org/story/timeline）

パン長二一五メートルの美しいクリフトン・サスペンションブリッジである。資金と資材の関係で，完成はブルネル没後の一八六四年になるが，完成当時，世界最長の吊橋であった。

橋のコンペ優勝の余勢で任されたのが，ブリストルの富裕な商人たちの悲願，ロンドン－ブリストル間をつなぐグレート・ウェスタン鉄道の設計であった。鉄道の安定性と高速化の考えから，世界初の広ゲージ（二・一四メートル）案を提唱。これはその後，世界の鉄道建設に大きな影響を与えている。

渋る幹部に，彼はさらに提案する。「この高速鉄道と高速動力船の完成で，ロンドン－ブリストル－ニューヨーク間の最短路線が成立する」と。事実，彼はそのために，二隻の当時世界最大の蒸気船をブリストルで設計・建造させている。その一つが現在ブリストルのハーバーサイドに展示されている，一八四五年完成，長さ一〇〇メートル，積載量三七〇〇トンの鋼鉄スクリュー船グレート・ブリテン号である。

最も活気に満ちた時代の中、さまざまな都市社会基盤の構築に技術者として革新的な挑戦をし、ブリストルのみならずイギリス全体の、その後の繁栄の基礎を創った人物がブルネルなのである。

生誕二〇〇年当時、英国の中でも、特にブリストルは「二一世紀のブルネル」の誕生を期待し、市をあげて、美術館、博物館、街角、大学、メディア等で彼を顕彰、「クリエイティブ・ブリストル」への一つのステップとしていた。当時、市のブルネル二〇〇年実行委員会では、「二〇〇のアイディア募集」と称して小中学生を中心に市民コンペを実施、多くの新鮮な案が出てきた。また、大学生等を対象にした「未来のブルネルを探そう賞」では、西イングランド大学の学生チームが液体コンピューター設計で賞金を手にした。このまちは、確かに、ビジョンとアイディアが生まれる場としての土地の精神を持っているようだ。

第Ⅰ章　港町ブリストルの都市形成

ブリストルは、ロンドンの西一七〇キロメートルに位置する、イングランド南西地域の中心都市である。大西洋に広がるブリストル海峡の奥、セバーン川の河口入江の海からエイボン川を溯って約一〇キロメートルの内陸に立地し、中世からの代表的な港湾都市として発展してきた。現在の都市人口は、四三万二五〇〇人（二〇一三年センサス）で、ロンドンを除き全英八番目である。隣接のバース市など周辺を含んだ都市圏では一〇八万人を擁する大きな人口集積をなしている。

ここでは、都市ブリストルの形成から現在に至る発展過程について、港を中心にみていくことにしたい。ブリストルはもともと川の港から発展したまちである。川とのかかわり合いの中でブリストルというまちがどのように形成され、拡大していったのか。水と都市の関係を探る上で、ブリストルは興味深い多くの話題をわれわれに提供してくれる。

以下、古代から現代まで大きく時代の軸に沿ってみていくが、その中の各項目においては、またその中でできる限り近代現代まで通時的にみていくこととしたい。

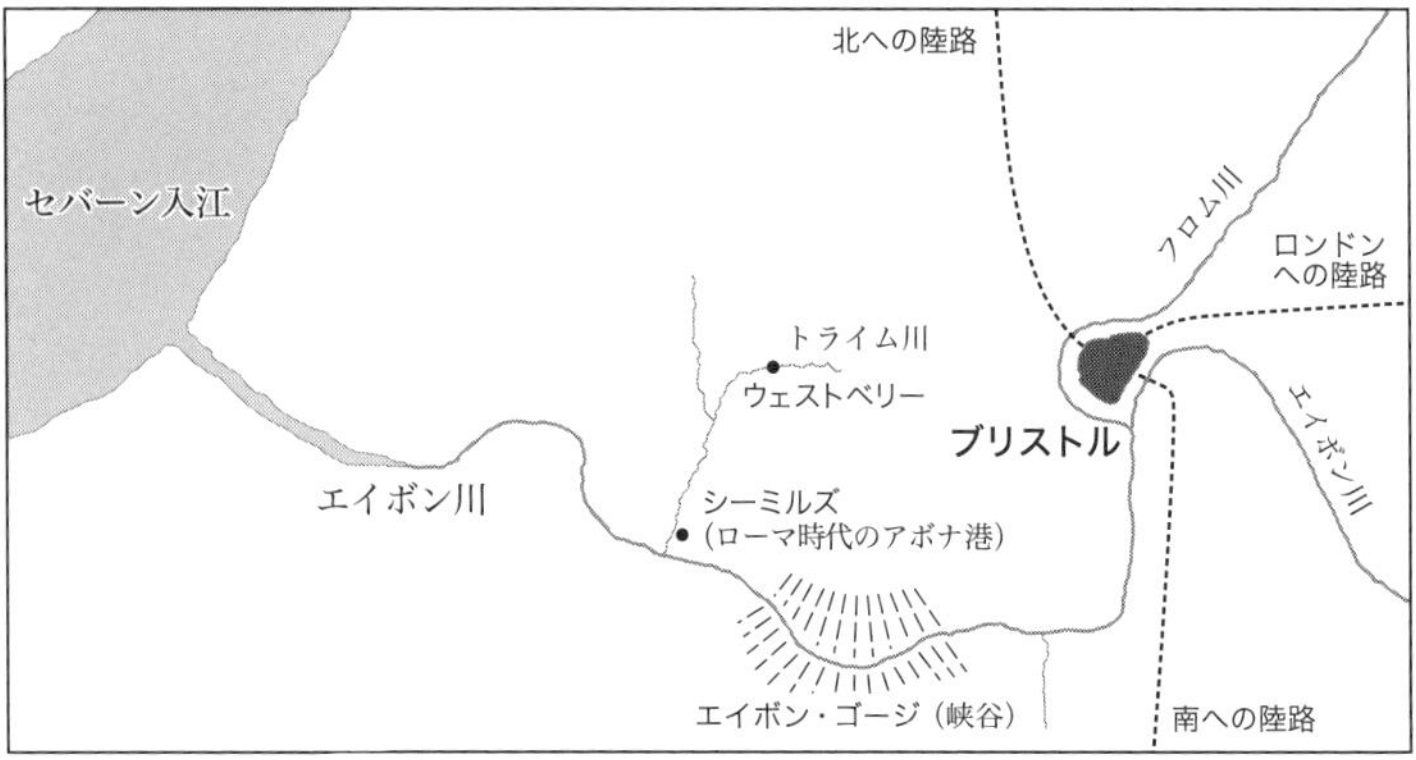

ブリストルの立地点（Bristol Historical Society のパンフレットをもとに作成）

1　初期ブリストルの都市形成

1　ブリストルの立地点

ブリストルは、エイボン川とその支流フロム川の合流地点に発展した都市で、ローマ植民時代からの歴史を持つ。知られているところによると、紀元四〇年ころローマ植民は現在のブリストルの西側、エイボン川河口とのほぼ中間、現在のシーミルズという場所にアボナという港を造り、エイボン川を溯って、ローマ名アクアスルスと呼ばれた温泉地バースとの間などで物資の取引をしていたようである。

ブリストルは五世紀以降のアングロ・サクソン時代に都市の形をなしていく。もともとの名称はブリグストウ（古英語'Brycgstow'）で、橋のある場所（the place at the bridge）の意である。当時、エイボン川で最も河口に近く架橋することのできた場所であった。この比較的大きなエイボン川と、当時のマーシア王国（現ミッドランド地方）とウェシックス王国（現イングランド南西地方）を結ぶ道の交わる点、つまり水路と陸路の交差点で、

エイボン・ゴージのスケッチ，1851年，部分（John Morgan, *A Brief Historical Sketch of Bristol with the New Picture of Clifton, and Stranger's Guide*, 1851. *The Bristol Avon* より）

交易都市として発展する。エイボン川を海側に出れば、ブリストル海峡、セバーン川の入江で、同川を上っていけばグロースターなどローマ以来の大きな都市がある。また、セバーン入江の対岸には、ワイ川が流れている。ワイ川は、チェプストウのまちなどを流れウェールズとの国境でもある。これらエイボン、セバーン、ワイといった三つの大きな河川を使えるという地の利は大きかった。

都市のマクロな立地点としては、イングランド西海岸での自然のゲートウェイであったことである。すなわち、イングランド南西端のランズエンドから北にかけてはずっと崖状の急峻かつ凹凸の地形で、ブリストルまでは良港をみつけ難かったためである。また、当時脅威であったデンマーク・バイキング、デーン人の急襲に対する防備上の理由もあった。セバーン川入江のエイボン川河口から市街までは十分な距離（約一〇キロメートル）をもっており、さらにその間のエイボン川の一部はエイボン・ゴージと呼ばれる峡谷をなし、流れも蛇行しているため、海からの敵の侵入に対する守りには都合がよかったわけである。

一一世紀後半のノルマン・コンクエストの時代には、堅固なブリストル城が築かれている。城は、ブリストル橋の北側、フロム川とエイボン川の間にある小高い丘の上に建てられ、市街は二つの川に囲まれた島状の場所で橋につながる一帯が中心となり、また、橋を渡った南側にも家並が形成されていった。

一二世紀までには、イングランド各都市や地域、さらには、イングランドとアイルランドなどの間の交易センターとしてまちは発展し、ブリストル橋近くの両岸にはたくさんの船が並び、都市独自の硬貨を持つことが許されるほどに栄えていた。

2　エイボン川

エイボン（Avon）はケルト系の言葉であるが、古英語（ブリトン諸語）でアボナ（Abona）という。川の意である。エイボン川というと同語反復であるが、同じ川の名はイギリスで他にも幾つかあり紛らわしい。たとえば、少し北のウォーリックシャーのエイボン川は、シェイクスピアで有名なストラットフォード・アポン・エイボンを通り、長さは当エイボン川より少し長い約一四〇キロメートルである。ブリストルを流れるエイボン川（本書では単にエイボン川と記す）は、全長約一二〇キロメートル。南グロースターシャーから出て、チッペナム、バース、ブリストルを通り河口のエイボンマウスで、ブリストル海峡に拡がるセバーン川の入江に注いでいる。

ローマ植民地のアボナ（Abona. 現在の Sea Mills）は、エイボン川を河口から五キロメートルほど入った、トライム川という小河川が交わったところにできた小さな港町である。海側に出ていけば、セバーン川の入江の対岸にベンタやイスカというローマ都市があった。両都市ともウェールズに位置し、したがってアボナはウェールズへの最前線基地の役割をもっていた。このうちイスカは、今のニューポート市の一部をなす現カーリオンであるが、当時、ウェールズ北側のディー川沿いに位置したディーバ、現在の

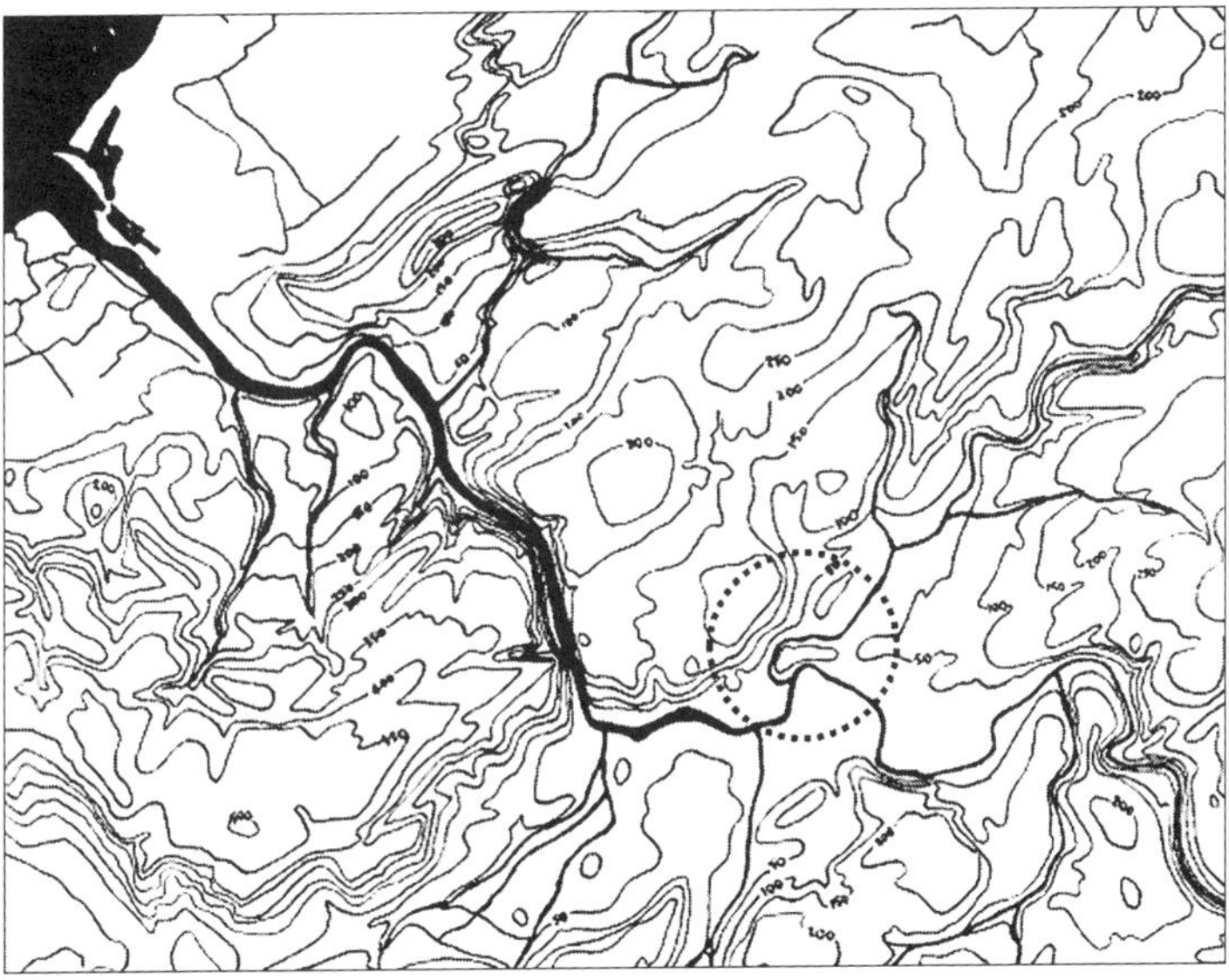

エイボン川とブリストルの地形図、点線丸印がブリストル中心部（Henry Rees, The Growth of Bristol, *Economic Geography*, Vol. 21, No. 4, Clark University, 1945. 丸印部分加筆）

チェスターと対をなす有力なローマ基地であった。アボナからは、また、セバーン川を奥に入っていくことによって、大きなローマ都市グレウム、今のグロースターに行くこともできた。

アボナの港から、逆にエイボン川を上流に遡ると温泉地バース（Bath）に到達する。バースとは陸上のローマ道でもつながっていて、両地の間では人の往来や、物資の取引が盛んであった。バースは、ローマ人により「スルの泉」（Aquae Sulis）と呼ばれ、自然の温泉が湧き出していたところである。スルというのはケルトの女神で、ローマ人たちは自分たちの女神ミネルバと重ね合わせ、そこに立派な神殿を建てた。病気平癒の神話もあり、参詣客や温泉を楽しむ湯治客で賑わっていたようである。バースは、イギリスに入植したローマ人の拡げた道路、

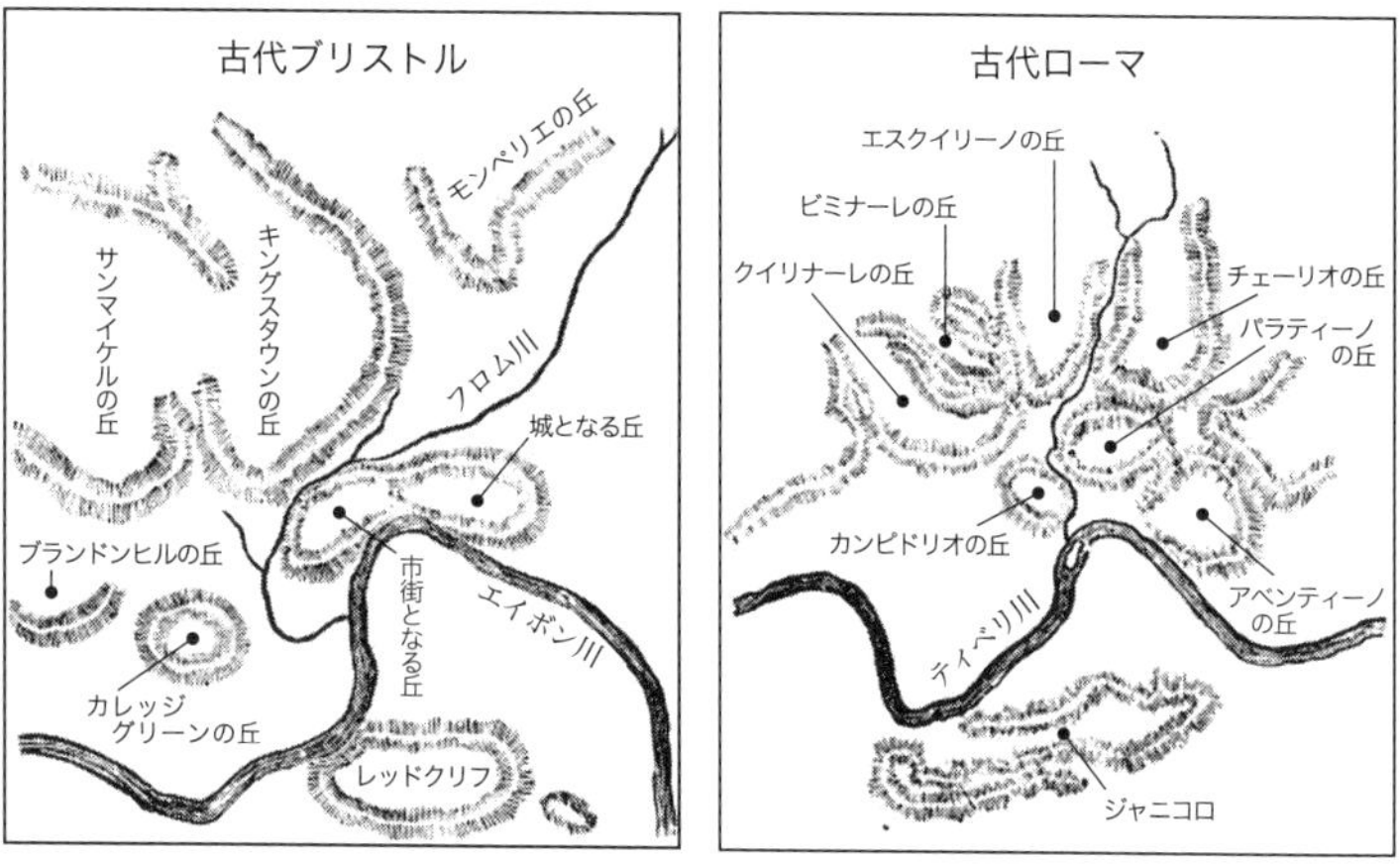

古代ローマとブリストルの立地点の地形的類似性，川と７つの丘（J. F. Nicholls & J. Taylor, *Bristol Past and Present,* Vol. I, J. W. Arrowsmith, 1881 をもとに加筆修正）

北東部のリンカーンから南西部のエクセターにイングランドを大きく斜めに走るフォッシ（Fosse）という往還道沿いにあり要衝の地でもあった。

このバースに向かって、陸路でアボナからのローマ道を行くと、ダーダム・ダウン（Durdham Down）という丘を通る。現在、隣のクリフトン・ダウン（Clifton Down）とあわせてダウンズと総称される緑の丘陵地である。そこから下方を眺めると、エイボン川が流れ、その先にフロム川と交わる場所がある。ブリストルの発祥となる地である。後代一九世紀の歴史家たちは、この地形を古代ローマのそれになぞらえた。ローマの七つの丘と黄色のティベリ川、ブリストルの七つの丘と黄色いエイボン川。一つ一つ対応する古代ローマとブリストルの地、両者を結ぶ何ものかが存在していたと考えたのも自然かもしれない。

なお、フロム（Frome）川は、南グロースターシャーの丘陵地コッツウォルドに水源を有し、ブリストルでエイボン川と合流する長さ三〇キロメートル強の川。現在、

セバーン入江とその周辺河川における交易都市の分布，古代〜中世（Seán McGrail & Owain Roberts, A Romano-British Boat from the Shores of the Severn Estuary, *The Mariner's Mirror*, Vol. 85, No. 2, May 1999, 133-14 をもとに作成）

ブリストル市街では暗渠。比較的流れが速く、その昔は水車のたくさんあった川である。

3　セバーン入江

エイボン川の河口を出ると、セバーン川の広い入江である。セバーン川は全長三五四キロメートルとイギリスで最長の川である。入江の幅は数キロメートルと広く、そのままブリストル海峡となり大西洋に出て行く。セバーン（Severn）はもともとケルト語のサブリナ（Sabrinn-â）からきている。ローマ人も、サブリナと呼んだ。女神である。

本流を遡ると、グロースター、ウースター、シュルーズベリーなど大きな殖民都市が並んでいる。このうちグロースターは古来よりセバーン川の最初の渡河地で港として発展した。時代は下るが、近代になって大型のシャープネス・アンド・グロースター運河でショートカットし、

セバーン入江．シャープネス港への入り口部分（筆者撮影）

セバーン入江と直接結び港町として発展を遂げた。その大型運河はシャープネスの港が入り口である。入江と運河は大型のロックとベイスンで接続している。

セバーンの入江、エイボン川の河口の対岸北側には、ワイ（Wye）川がある。かなり曲がりくねった川である。全長二一六キロメートルとエイボン川よりは長い。河口チェプストウの少し上流にローマ人は橋を架けたという。ウェールズとイングランドの国境をなし、一一〜一二世紀には多くの城が建てられている。河口から上流に向かい、主なものとして、チェプストウ城、モンマス城、ヘレフォード城などがある。このうちチェプストウ城は、ワイ川の切り立った岩の上に構築された比較的大きな城である。それぞれ、ウェールズとイングランドの攻防の舞台になったところである。

なお、このワイ川とウェールズのニューポートに流れるアースク川の間には、多くの城が残り、全てが廃墟であるが現在も古城めぐりのメッカである。その一つにラグラン城という美しい城がある。現在残っている部分は中世末期に建てられたものであり、その後のイングランド内戦でかなり破壊されているが、濠に囲まれた六角形のグレート・タワーは豪壮な姿を今に残している。

セバーン川には、コッツウォルドの丘陵から注ぐ支流も多い。ブリストルに流れるフロム川と同様に、傾斜と水量があるため古来より水車が多用されていた。近世では、コッツウォルド特産の羊毛を原料にした毛織物関連工場が、水車の動力を利用しそれぞれ川沿いに立地、比較的大きなものだけでもざっと二〇〇を数えた。この製品の一部はグロースターに運ばれたが、大部分はブリストルに運ばれ世界に輸出されていくのであった。

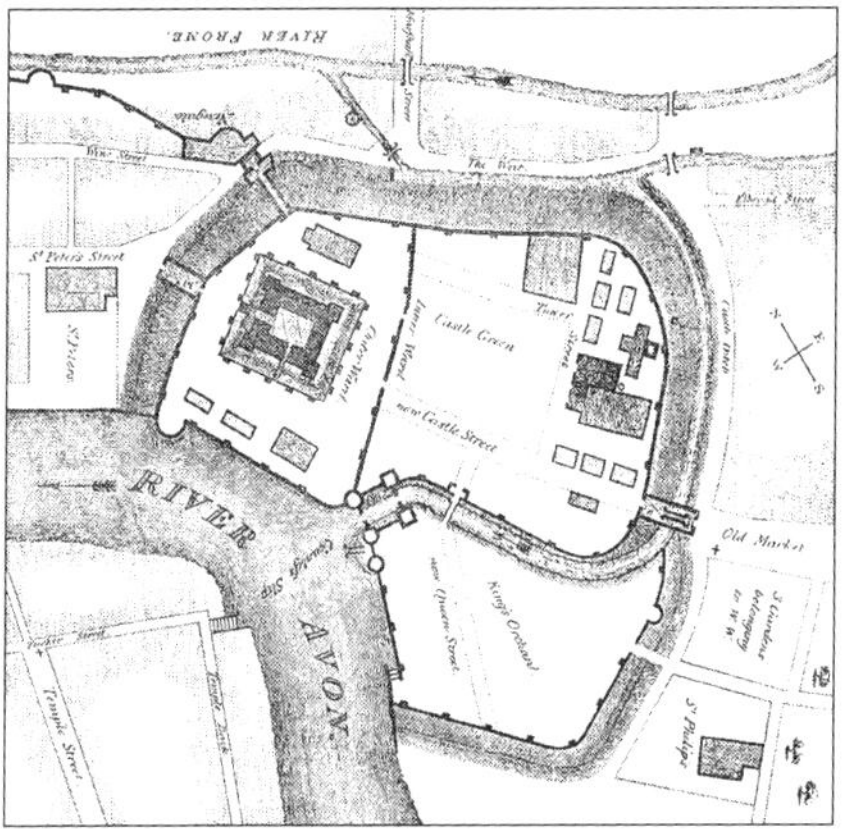

ブリストル城の平面図．水路と壁で囲まれている
(J. F. Nicholls & J. Taylor, *Bristol Past and Present,* Vol. I, J. W. Arrowsmith, 1881)

4　ブリストル城

ブリストルの城は一一世紀から歴史書に登場する。ノルマン・コンクエストの時代である。もともとそこには木製の城があったとみられる。強固にするためにこれを石造に替えていった。一一世紀後半から一二世紀にかけての本格的なブリストル城の建設である。

城は市街中心部の東側、フロム川とエイボン川の水を利用した濠に囲まれた丘の上に壁を配置し、二重の防御構造をとっている。城壁の中には、約三〇メートル四方のキープといわれる巨大な天守閣を構築、ブリ右：ブリストル城のグレートキープ　(James Millerd, *An Exact Delineation of the Famous Citty of Bristoll and Suburbs,* 1673, Bristol's Museums, Galleries and Archives)
下：ブリストル城の水門 (J. F. Nicholls & J. Taylor, *Bristol Past and Present,* Vol. I, J. W. Arrowsmith, 1881)

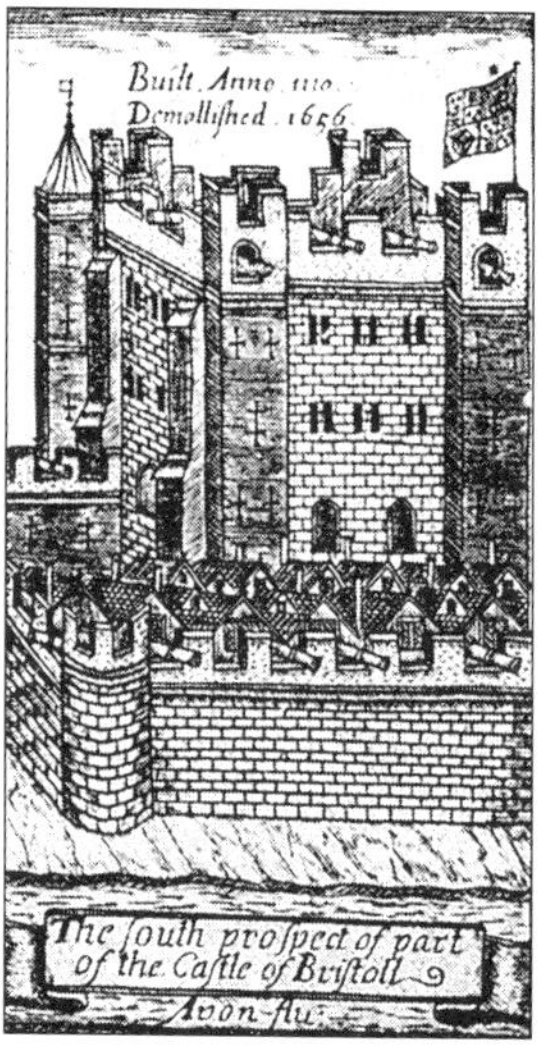

ストルのグレート・キープと呼ばれ、当時これを凌ぐものはロンドン塔と古都コルチェスターの城だけであった。城の敷地の中には礼拝所や井戸など必要ないくつかの施設も造られていった。濠にはエイボン川から船で入れる水門があり、港町ブリストルならではの城であった。ブリストル城は難攻不落とみなされ、城自体は、数世紀の間、特に大きな戦火に遭うこともなかった。

当時、築城の命を下したのは、ブリストルを治めていたグロースター伯、別名ロバート、である。国王ヘンリー一世の庶子である。力と才能に恵まれていた人物といわれ、都市ブリストルの建設史にかかわる重要な一人である。治世時、信仰上から、第一回十字軍以来の騎士修道会テンプル騎士団を厚遇し、エイボン川南岸の土地を与えている。この場所のなごりの一つが、テンプル・ミーズであり、ブリストルの現駅名 (Bristol Temple Meads Station) にも使われている。

エイボン川から見たキャッスル・パークの一部（筆者撮影）

国王ヘンリー一世の没後、身内の王位継承争い時にグロースター伯は、実力で継承を進めたスティーブン王側につかず、妹マルチダ側を応援し敗退、結局ブリストル城は接収される。

以降、英国王室の直接所有する重要な城の一つになった。

とはいえ、王室の管理は特になく、市も手が出せないことからそのままになっていた。城の一部に、無法者が巣くうような状況であった。一七世紀になって市が買い戻すが、イングランド内戦時、議会派であった市を王党派が取り囲んだとき、城は、議会派のクロムウェルの命により市民によって解体され、その時点でほぼ跡形もなく消滅してしまう。

なお、近代現代の同地の状況についてみてみよう。一九世紀になって濠も埋められ、城跡の一部には多くの建物が建てられ主に商業的な利用がなされていた。しかし、その商業地は、ブリストル空襲というロンドン空襲と並び称される未曾有の大被害でほぼ完全に破壊。しばらく更地《さらち》となっていたが、その後、キャッスル・パーク（城址公園）として市が力を入れて整備、現在は市民の憩いの場として提供されている。

ブリストルには、市の北部にクリブズ・コーズウェイという大型郊外ショッピングセンターが一九九八年に開業しているが、一方、中心市街地には、キャッスル・パークの北側に隣接するブロードミード・ショッピングゾーンがある。その中のガレリア・モールは、一九九一年にできた市街地型の大型ショッピングセンターであったが、郊外のクリブズ・コーズウェイに客をとられていた。二〇〇八年、キャボット・サーカスという新鋭の大型ショッピングモールが同ガレリアの東側につながる形でオープン、一帯はあらためてブリストルの活気あふれる商業集積ゾーンになり、人出も郊外から中心部に戻ってきている。市のコンパクトシティ化戦略の一つである。城跡、キャッスル・パークは、この活気ある商業ゾーンとつながった大きな緑の空間である。眼前を流れるエイボン川の豊かな水景、そしてすぐ横に立つ重厚なブリストル橋の姿と一体になって、市の歴史と環境、そして繁栄を今に受け継ぐブリストルにとっては最重要の場所の一つとなっている。

2　都市ブリストルの発展

1　ブリストル橋

ブリストルという地名の発祥となったブリストル橋であるが、元の橋がいつ架けられたかは不明である。木の橋が架かっていたといわれている。そして、エイボン川の水量の多さや潮の干満の影響などか

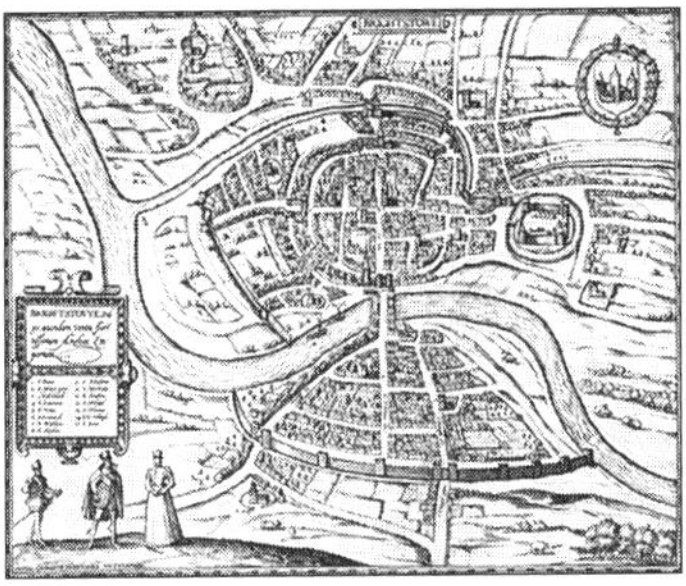

16世紀のブリストル橋と市街（Map of Bristol by Georg Braun, 1588, Bristol's Museums, Galleries and Archives）

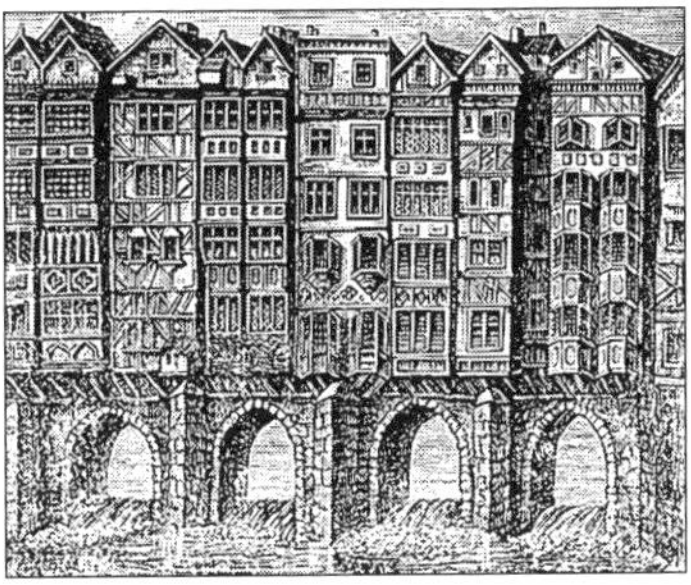

13世紀に架けられたブリストル橋，17世紀の図（Charles Wells, *A Short History of the Port of Bristol*, J. W. Arrowsmith, 1909）

ら、何回も流され架け替えられたものとみられている。最初に石の橋が築造されたのは一三世紀。フロム川の付け替え工事の時である。

この石橋への架け替え工事は、一二四〇年代から始まる。ロンドン橋が石造の永久橋に架け替えられたのが一二〇九年であるから、その影響を受けているのは間違いない。ロンドン橋もそれまでは木造で、何度も崩落し架け替えられてきたが、一一三六年の火災による崩壊を機に石造への転換がはかられていた。

ブリストルの最初の石橋には、橋の上の両側に店舗住宅が建てられ、ゲートには礼拝堂があった。徐々に建物の階は高くなっていき、一七世紀の図には屋根裏を含め五階建ての建物が川側にせり出した形で載っている。橋に建物を載せたのは、その賃料から橋のメインテナンス費用を調達したからであるといわれる。通行客が多いことから店舗は繁盛し、高い賃貸料をとることができた。なかには金細工の店も並んでいたという。

ブリストル橋は、古来よりずっと都市ブリストルの要《かなめ》であり、まちの発展はこの橋により引き起こされていった。エイボン川の南岸から、橋を渡って市街の中心に入る旅商人たちの晴れやかな

18世紀に架け替えられた現在のブリストル橋（筆者撮影）

気持ちは想像するに余りある。橋から川下には大型船がずらりと並び、荷の積み下ろしに忙しいブリストルの港の繁華な姿に驚いたに違いない。橋の礼拝堂で旅の安全を祈願したともいわれる。橋を渡りハイ・ストリートを進むと中心に塔（ハイクロス）のある十字路になる。その先が、ブロード・ストリート、左右がコーン・ストリートとワイン・ストリート。まさに往時のブリストルのメイン中心市街地、取引・商業ゾーンである。

次に詳しくみるように、一三世紀に川の付け替えと港の拡張工事を終え、港の主力は、セント・オーガスティンズ・リーチの側に徐々に移っていくことになる。

一八世紀にもう一度、交通量も増えてきたことから、新橋への架け替えを行っている。これが現在のブリストル橋で、一七六八年に完成している。ロンドン橋と比べると、アーチが三つと少ないが、この橋も現在のロンドン橋と姿はよく似ている。

なお、完成直後ここで暴動が起こった。一七九三年に起こったブリストル・ブリッジ暴動である。新橋の通行料金の改定や、アクセスを良くするための道路建設による周辺民家の撤去などが決まったが、それに反対する民衆との諍《いさか》いが起こったのである。結局、一〇人以上が死亡し、負傷者も多数という、一八世紀ブリストルで最悪の内部事件の一つとなったのである。

一九世紀初期のフローティング・ハーバー完成以降、港の拡大、市街の発展とともに、橋はブリストル橋だけでは済まなくなり、幾つか架けられるようになる。しかし、ブリストル橋より川下は、全て大型の船が通れる可動橋もしくは橋脚の高いものである。二〇世紀末の一九九九年にオープンした、セント・オーガスティンズ・リーチにかかる歩道橋、ペロ・ブリッジも可動橋である。あちこちで道路と川の巧みな共生がはかられているのも、まさに港町ブリストルならではのことである。

現在は、市街地内でエイボン川を渡る自動車交通の多くが少し上流部の新しい橋に移行し、さらにその上流にハイウェイ橋もある。また、川下のロック近くおよび河口部にも自動車専用道が通っている。このため、ブリストル橋を渡る交通が速度の低い市内交通に限られ、歩道部分も広いことから、現在の橋は比較的落ち着いた雰囲気である。

2　港の拡張工事

一三世紀、ブリストルの港は交易量が増加するにつれ、従来からの岸壁では船の停泊に不足をきたすようになる。一方、前述のように、市街の拡大とともに木造のブリストル橋を新しく頑丈なものにする必要も出てきた。そこで、一二四〇年代、港の拡張と橋の架け替えを同時に行うため、当時としては国内で類例のない大規模工事が着手されることになる。

まず、エイボン川に一時的な堰《せき》を設け、橋を迂回する形で水路を築き、水の抜かれたところで石造の

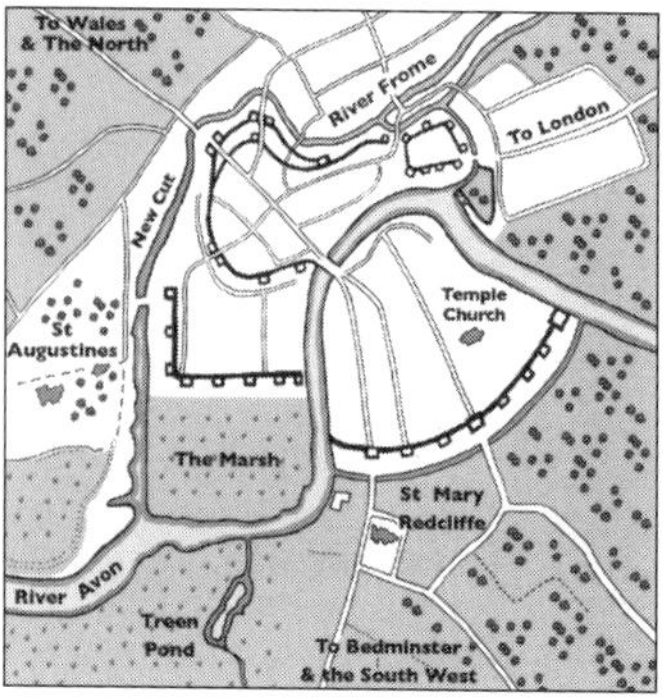

フロム川付け替え後の13世紀ブリストル
（The Southville Community Development Association, *A Celebration of the Avon New Cut,* Fiducia Press, 2006）

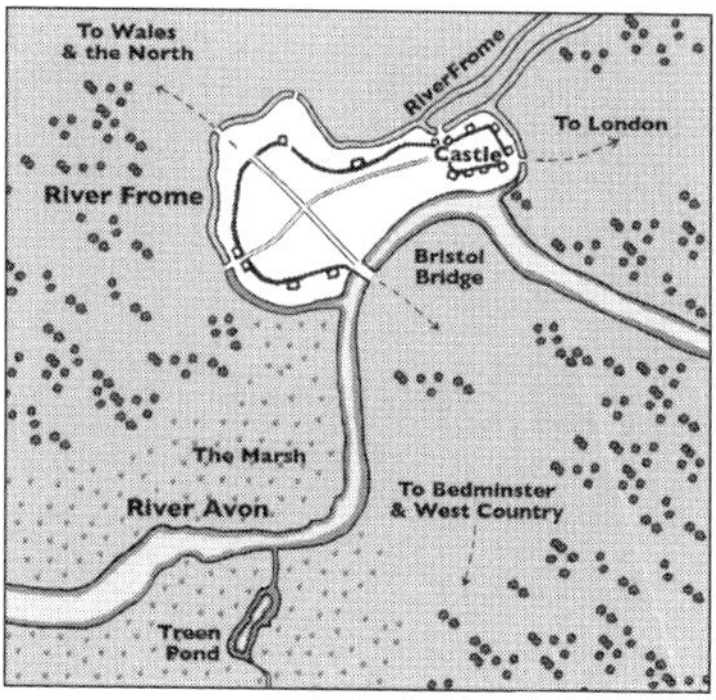

アングロサクソン後期のブリストル
（The Southville Community Development Association, *A Celebration of the Avon New Cut,* Fiducia Press, 2006）

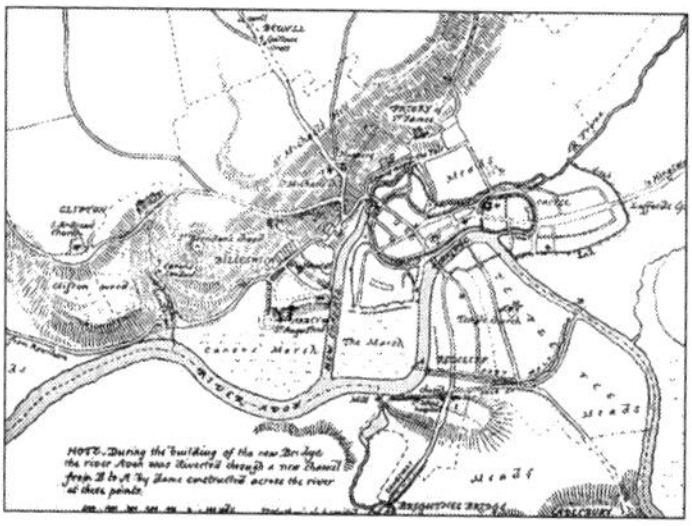

広域図　フロム川付け替え後，1250 年
（William Hunt, *Bristol,* Longmans and Green Co., 1889）

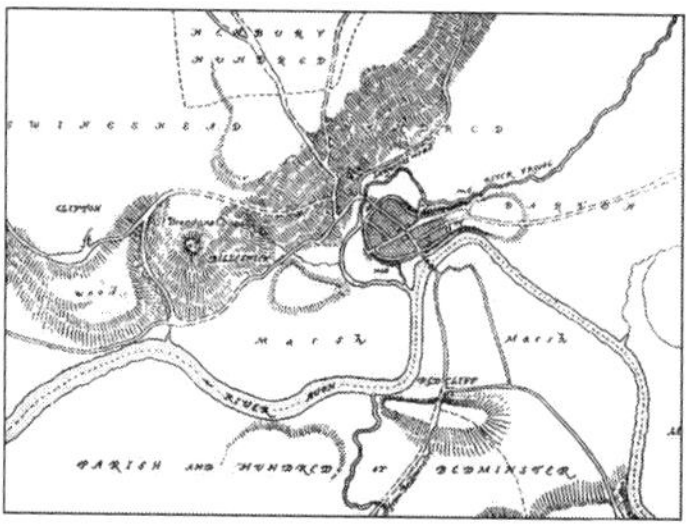

広域図　フロム川付け替え前，1066年
（William Hunt, *Bristol,* Longmans and Green Co., 1889）

橋脚基盤を構築し、新しい石橋を建設する。次にフロム川の流路を変え、東に湾曲して向かっていた流路を南に直線で下り、エイボン川との合流点が下流側になるように付け替えるという手順の工事である。二つの堰を結ぶために掘られた水路は、後に新しく城壁が築かれることになる。

一方、七〇〇メートル近い人工の濠（トレンチ）で付け替えられたフロム川には、港としてブロードキー（上側の部分）とナローキー（下側の部分）の二つの岸壁が構築される。この一連の工事により港の容量は二倍となり、ブリストルのさらなる発展の基盤ができ上がるのである。

その新しく築かれた人工の水面をセント・オーガスティンズ・リーチと呼ぶ。すぐ西側にセント・オーガスティン修道院があったからである。この修道院は一二世紀中頃に建てられたもので、現ブリストル大聖堂の前身である。大聖堂の立地は、現在の市役所の建つ場所、カレッジ・グリーンにあり、大通りパーク・ストリートの商業集積とともに一つの都市中心に発展していく場所であった。このセント・オーガスティンズ・リーチは、船の集積とともに、まさにブリストル港の最も華やかな玄関口として、港町ブリストルを象徴する風景となり広く紹介されていくことになる。

ワイン類を降ろす17世紀ブロードキーの風景イラスト
（B. Little and J. Sansom, *The Story of Bristol*, Halsgrove, 2012）

3　中世ブリストル港の繁栄

一三〇〇年頃にはアイルランド、ガスコーニュ（現在の仏ボルドー地方）、スペイン、ポルトガルとブリストルの間を定期的に往復する船も現れ、またセバーン川沿いなどにある地域やウェールズと行き交う船も多く、繁忙を極める港となっていく。港の機能の棲み分けも徐々に進み、たとえば、ウェールズと往来する船は、奥のブリストル橋側の右岸に集まることになる。その後、ウェルシュ・バックと呼ばれる一帯である。

外国への主要な輸出品は、ロープ・帆布（ブリストル製）、鉛（屋根ふき用、近くのメンディップ鉱山で産出）、毛織物（コッツウォルドの羊毛、主にブリストルで織布）で、一方、輸入品は、獣皮、干し魚（遠くアイスランド方面から）、穀物（人口増加のため）、鉄（造船用など）、木材（造船用など）、それにワイン（ガスコーニュ、スペイン、ポルトガルより）であった。ブリストルには、毛織物工場、船用のロープ・帆布工場、造船所、鍛冶、船大工などが集積して、まちは幅広い産業都市の様相もみせていく。

人口は一四世紀末には一万一〇〇〇人を超え、それまで川の両側で南北に分かれていた行政区分も単一自治体（ユニタリー）として国王から認められ、ブリストル市（カウンティ）が誕生する。人口推計によれば、一四世紀のイングランドではロンドンに次ぐ二番目の都市となっていた。その後、産業革命の前までは、東側に立地するノリッジやヨークと常にその順位を競っていくことになる。

港湾としてのブリストルは、一五世紀から一八世紀のはじめにかけて、ロンドンに次ぐ、イングランド第二の港でもあった。とりわけ、一五世紀末の新大陸発見以降は、イングランド西側の玄関という地の利を生かし新大陸への進出の拠点港にもなっていった。既述のように、北アメリカ大陸発見者として知られるジョン・キャボットは、一四九六年に国王ヘンリー七世の勅許を得てブリストルの港を出帆している。

当時の海外貿易の様子は表1～2のとおりである。また、イングランドの都市人口順位は表3に示す。年代は下るが、ロンドンとの比較を所有船舶トン数でみた統計では、表4のようになっており、一六世紀末においてロンドンの約二割である。また、一八世紀初頭には、地方都市で最大になっている。

表１　関税対象商品積載の船舶（1479年９月29日～1480年７月３日の間）

	入港数	出港数
アイルランド	62 隻	31 隻
ガスコーニュ	17 隻	7 隻
スペイン	6 隻	8 隻
ポルトガル	5 隻	4 隻
ブルターニュ	3 隻	1 隻

（資料） *The Port of Bristol in the Middle Ages*

表２　大陸上位３地域からの輸入商品内容（上記期間）

	ワイン（トン）	木材（£）	鉄（£）	オリーブ油（£）	砂糖（£）
ガスコーニュ	816	2,447	94		
ポルトガル	206	410		923	426
スペイン	197	424	285	169	

（資料） *The Port of Bristol in the Middle Ages*

表３　イングランドの都市人口順位

1334 年	①ロンドン	**②ブリストル**	③ヨーク	（担税者からの推計）
1524/25 年	①ロンドン	②ノリッジ	**③ブリストル**	（同上）
1750 年	①ロンドン	**②ブリストル**	③ノリッジ	（推定）
1801 年	①ロンドン 108 万 8,000 人	②リバプール 8 万 8,000 人	③マンチェスター 7 万 5,000 人	（センサス統計）
	④バーミンガム 6 万 9,000 人	**⑤ブリストル** 6 万 8,000 人	⑥プリムス 4 万 4,000 人	

（資料）1334, 1524/25 年：*Decline and Growth in English Towns 1400-1640*
1750 年：*Historical Atlas of Britain*
1801 年：*The Rise of the English Town 1650-1850*

表４　所有船舶トン数でみたロンドンとの比較（ネットトン）

	ロンドン	**ブリストル**	リバプール	ブリストルの地位
1582 年	12,300	2,300	–	西イングランドで最大
1702 年	140,000	17,300	8,900	全イングランド地方都市で最大

（資料） *The History and Archaeology of Ports*

4　地図に見る一七世紀のブリストル

一六七〇年代に、ブリストルの地図を建物まで詳細に描いた人物がいる。ジェームス・ミラードという布地商人である。市のはじめての詳細図で当時のまちの様子がよくわかる。これによりいくつかの場所を見てみることにする（出典はいずれも James Millerd, *An Exact Delineation of the Famous City of Bristoll and Suburbs*, 1673. Bristol's Museums, Galleries and Archives. http://www.brh.org.uk/gallery/millerd_map/millerd_hi_res.jpg）。

①南東部から望む市街

当時のブリストル市街のほぼ全景。ブリストル橋を渡った右手に城があったが、この時点では既に城跡に家が建て込んでいる。北東（右側）からフロム川が市街に入り込み、セント・オーガスティンズ・リーチでエイボン川に出る。それらの川に囲まれた市街の南側（左側）部分は、沼地（マーシュ）であり、この時代にはまだ建物がない。その西（上側）のカレッジ・グリーンの広場の一角にブリストル大聖堂が建っている。さらにその西（上側）に小山状のブランドンヒルが描かれている。さらにそのずっと西（左上）、丘の上あたりがクリフトン方面であるが、当時まだ、建物は少ない。

②ウェルシュ・バック（ブリストル橋周辺）

ブリストル橋を渡った左手が、セント・ニクラウス・バックと呼ばれていた埠頭である。橋の袂《たもと》にあるセント・ニクラウス教会は一二世紀半ばに造られ、市の南門と一体になっていた。このセント・ニクラウス・バックは、ブリストル港の初期からの中心的埠頭で、絵では大型のクレーンも設置されている。

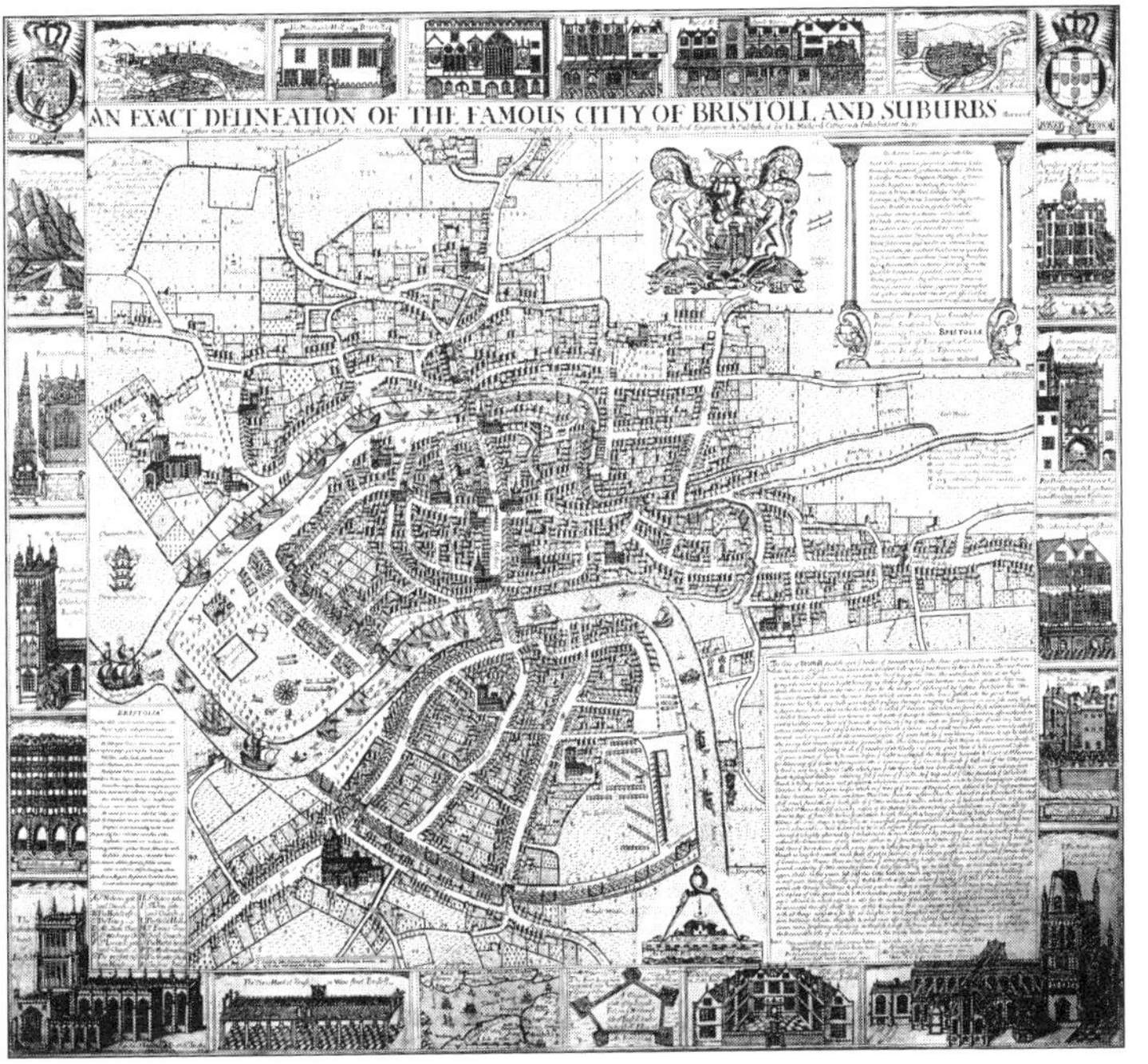

17世紀のブリストル

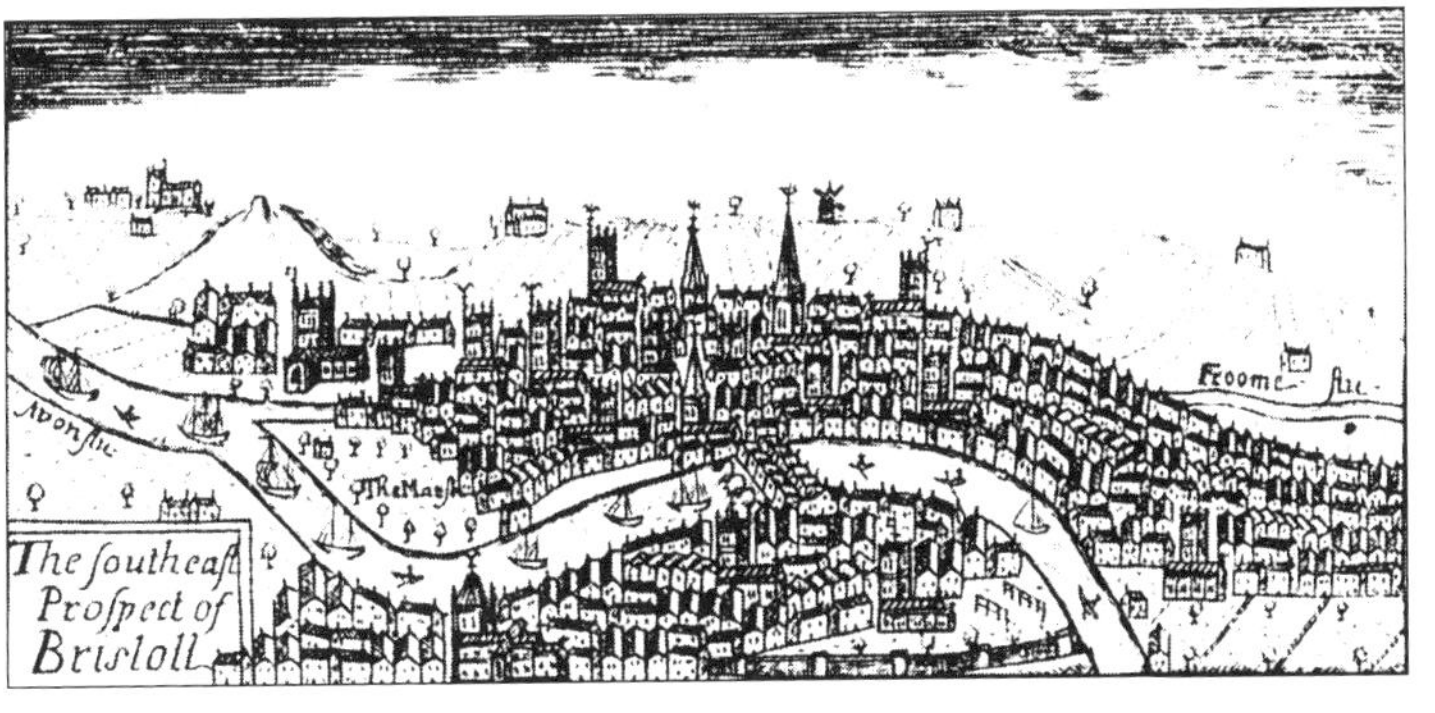

①南東部から望む市街

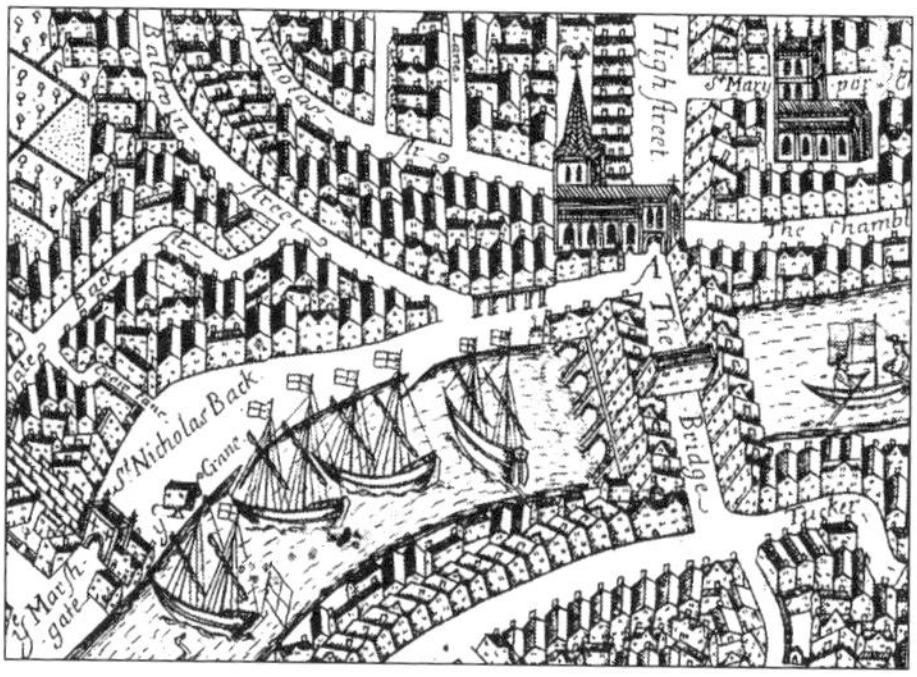

②A　セント・ニクラウス・バック
（ウェルシュ・バック）

②B　大型クレーンと
平底の帆船

ここに来る船は平底でやや大きめの帆船で、ブリストルと南ウェールズおよびセバーン川の各港の間を行き来していた。ブリストル港の発展にともなって、遠洋航海の大型船はここには入って来ず、こちらはもっぱら沿岸交易船で、ウェールズからのスレート石や木材、石炭などの産物を主として扱うようになり、ウェルシュ・バック（ウェールズ埠頭）と呼ばれるようになった。

③ハイクロス

市に入る四つの門と四つのメイン通り、ハイ・ストリート、ブロード・ストリート、コーン・ストリート、ワイン・ストリートの交点に建てられていたのが、ハイクロスと呼ばれる記念塔である。一四世紀末に建てられ、エドワード三世から市の憲章を賜ったのを記念したものである。その後、一七世紀に新しくされたときには、国王の像がエリザベス一世などを加え計八人に増えた。一八世紀になって、交通の邪魔ともなり、他に移設された。中世以来、繁栄を続けたブリストル市街中心のランドマークであった。なお、ハイクロスの右、ワイン・ストリート上にあるのは、コーン・マーケット・ハウスで、農家や地主

③A　４つのメイン通りとハイクロス

③C　ハイクロス（記念塔）

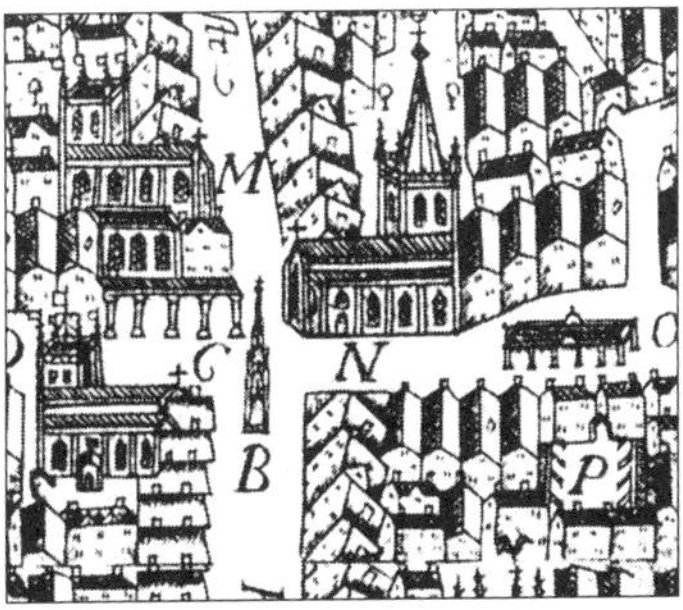

③B　同（部分）

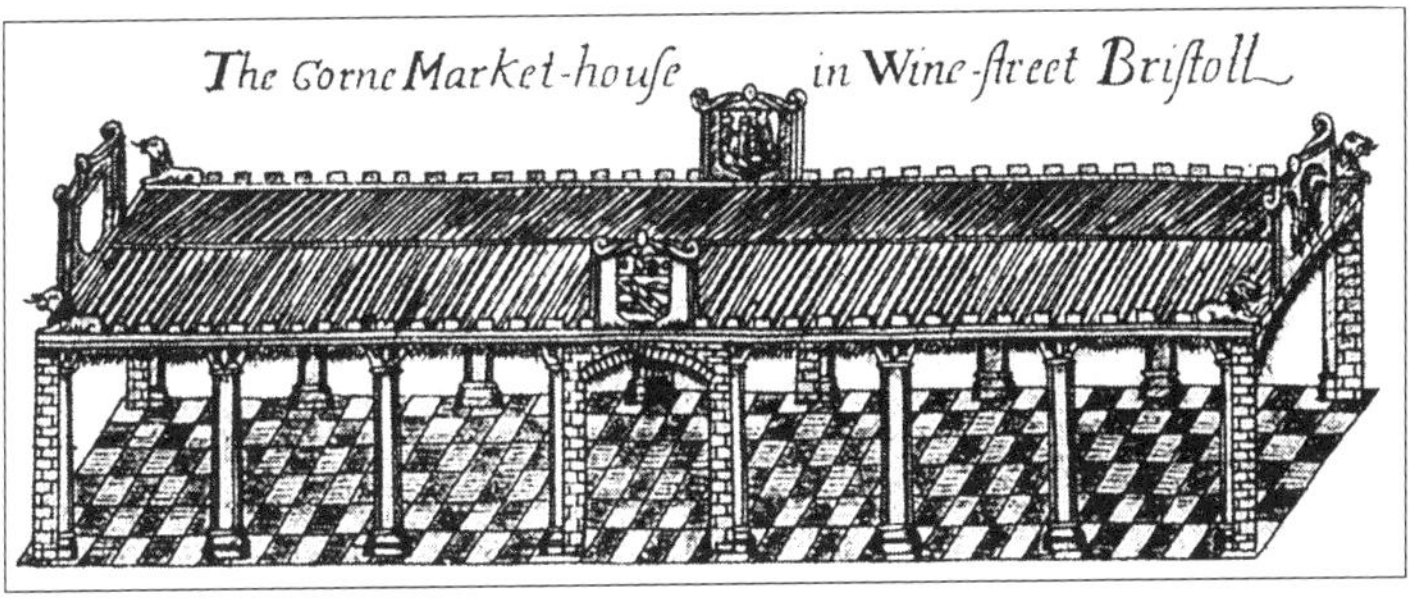

③D　コーン・マーケット・ハウス

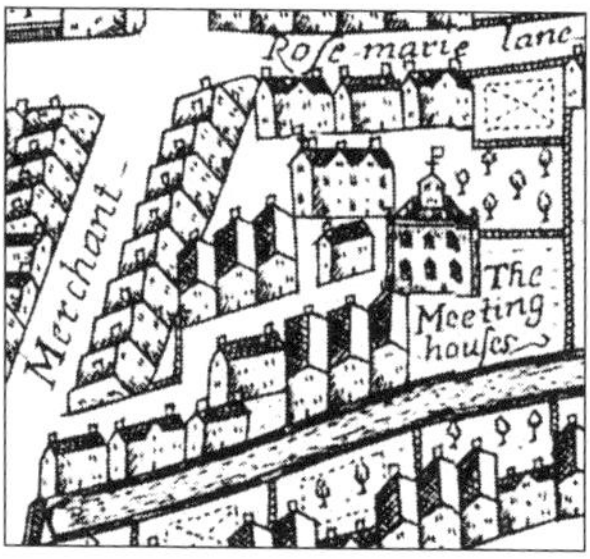

④B　クエーカーの集会所

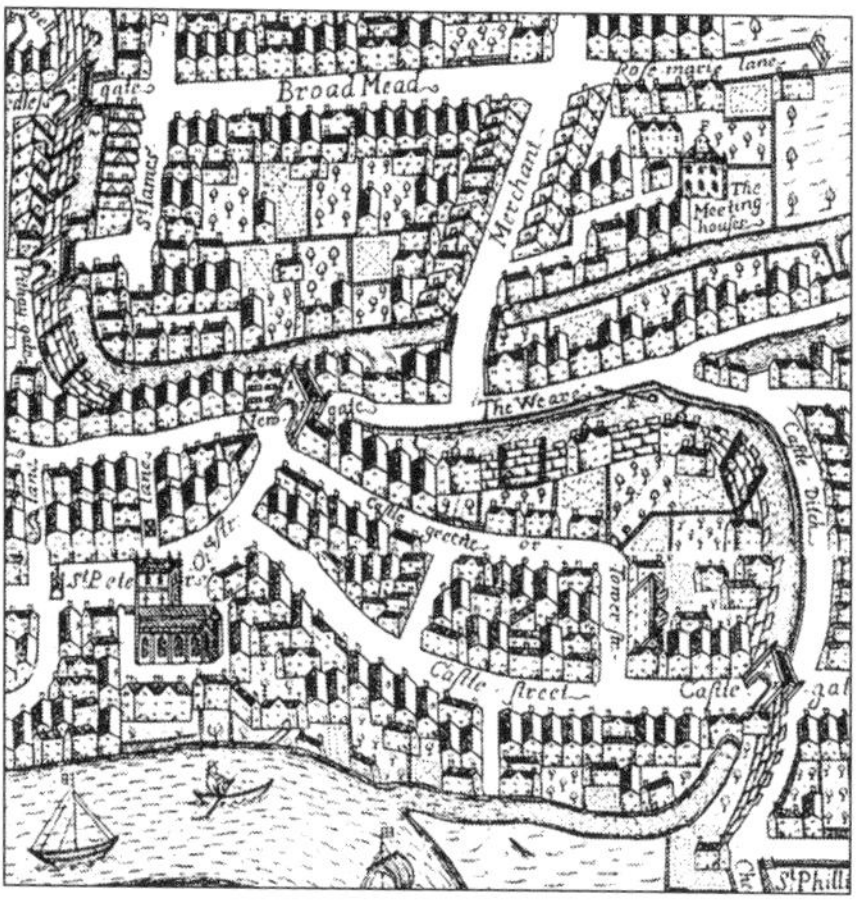

④A　ブリストル城跡とブロード・ミード

が週に二回コーンなどを売りに来ていた場所である。

④ブリストル城跡とブロード・ミード

エイボン川および水路に囲まれていたブリストル城であったが、この時期には左側の水路は埋め立てられ市街中心部とつながっている。城跡内には既に家が建て込んでいる。城を出た北側は、フロム川が東側からきており、ニューゲートの先で北上してセント・オーガスティンズ・リーチに流れている。このフロム川に面した一角がブロード・ミード（広い草地の意）であるが、ここも既に家が建て込んでいる。マーチャント・ストリートの東に、クエーカーの集会所（The Meeting House）がある。

なお、前述したように、このあたりは戦時中の爆撃が激しく、戦後は、城跡が公園に、ブロード・ミードがショッピングセンターになっている。集会所は移転したが、その場所は現在でもクエーカー修道士（Quakers Friar）として地名が残っている。

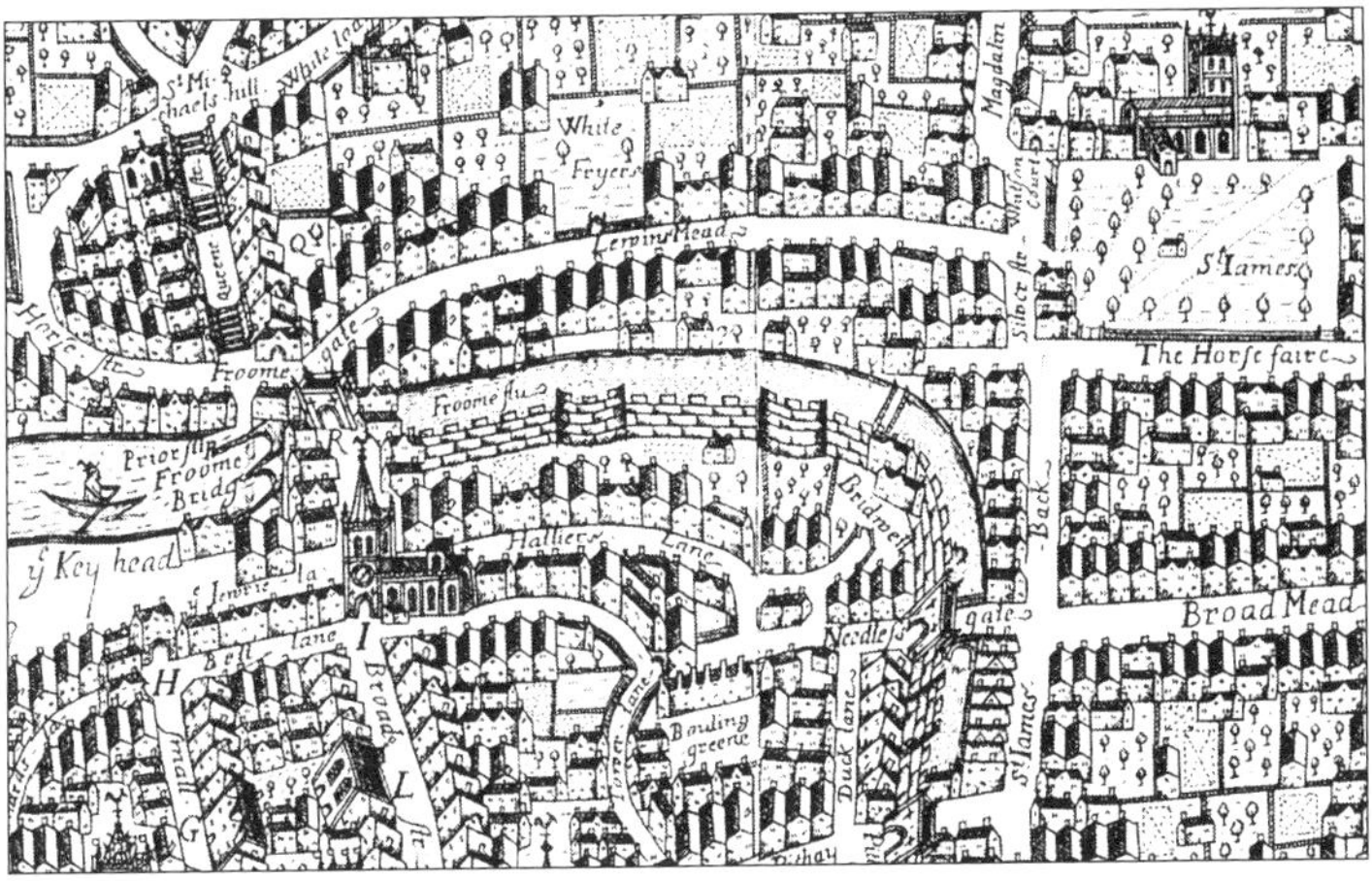

⑤　フロム橋周辺

⑤フロム橋周辺

ブロード・ミードを北上したフロム川は、西に左折して流れる。ブロード・ストリートから、市の北門を出るとフロム橋になる。橋から下流が、大型船で賑やかなセント・オーガスティンズ・リーチにつながっている。ブロード・ミードの北には、セント・ジェームス教会があり、その広い敷地では中世以来、毎年一〜二週間にわたり大きな馬市が開かれていた。現在でも馬市（Horse fair）や干草市場（Hay market）という通りの名前が残っている。

フェアの期間、ここは近郷からブリストルでの仕事を探しに人々が集まる場となり、雇い主側のリクルートの場ともなった。フェアは発展し、本や衣類、日用品などさまざまな売り場が並び、市民の楽しみの場ともなった。曲芸や占い、怪しげなショーなど、いろいろな出し物も増え、たくさんの酒が飲まれ、男女が恋を育む場にもなった。そこで市役所は、風紀の乱れを理由に、一八三七年の市を最後に禁ずることになる。暴動に発展するのを恐れたからである。現在、同地には、二つの百貨店が建

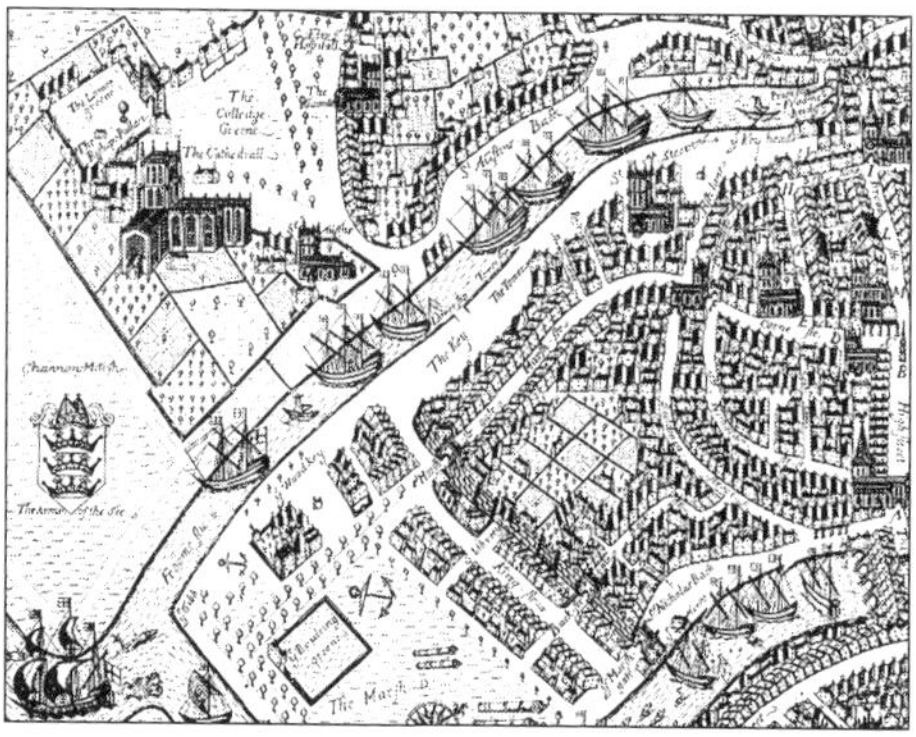

⑥A　セント・オーガスティンズ・リーチ
（ブロードキーとナローキー）

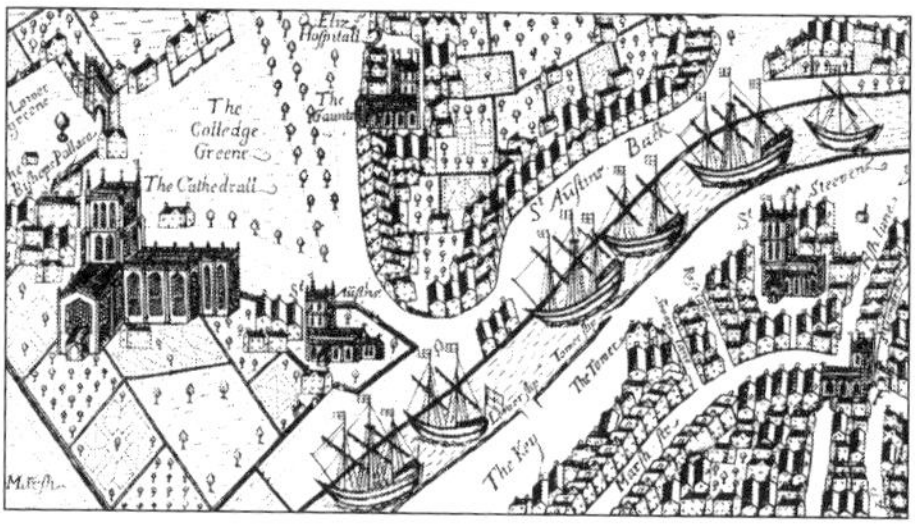

⑥B　ブリストル大聖堂

っている。

⑥セント・オーガスティンズ・リーチ（ブロードキーとナローキー）

セント・オーガスティンズ・リーチは、人工的な開削による港で、大きな船が入るようになってくる。ブロードキーは、セント・オーガスティンズ・バックと呼ばれた広い荷下ろし場が用意されていた埠頭である。名前のもととなったセント・オーガスティン修道院は一二世紀に創建された。その横に、一六世紀、ノルマン様式の本堂が建設されたのがイギリス国教会のブリストル大聖堂である。当図面には、その二つが載っている。教会前の広場はカレッジ・グリーンと称されるが、参事会管理の教会（Collegiate church）だからである。現在、大聖堂のあるカレッジ・グリーンには、市役所が建っている。また、現在、ブロードキーの部分の水面はなくなり、コルストン通りなどになっている。したがって、セント・オーガスティンズ・リーチは、現在は、下部のナローキー（ブロードキーに比べ、荷下ろし場が狭い埠頭）の部分

⑦B　ザ・マーシュ南側の対岸には水車小屋がある

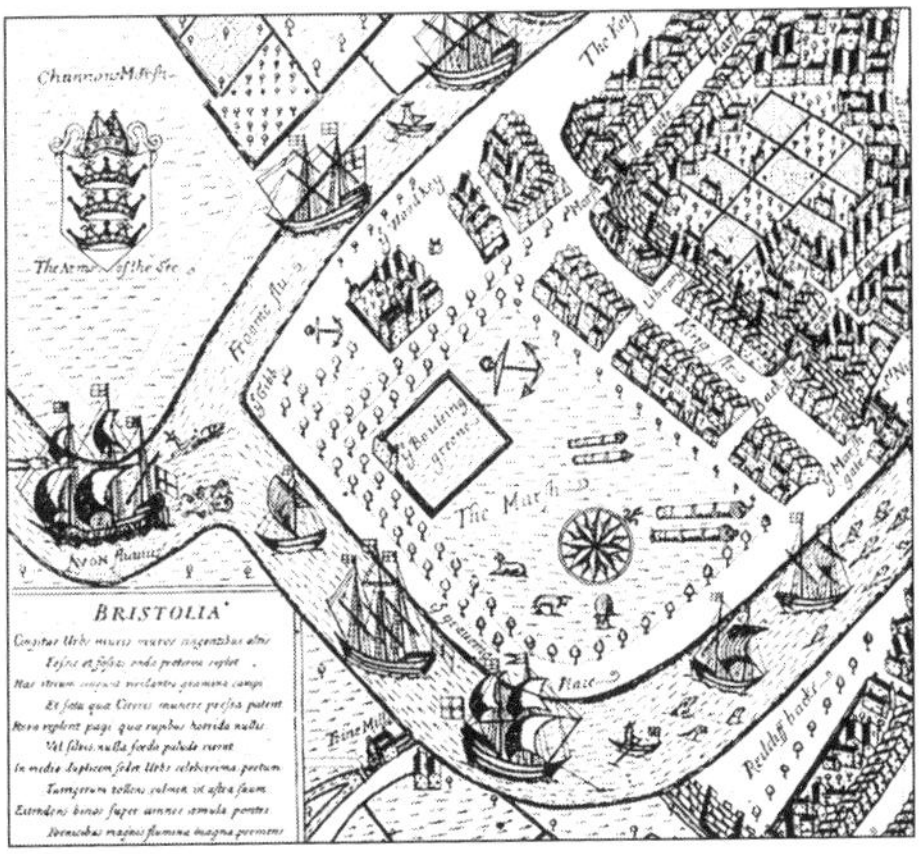

⑦A　ザ・マーシュ（旧沼地）

のみである。

なお、セント・オーガスティンズ・バックの向かい、市の西門の近くにあるのが、セント・ステファン教会である。一四～一五世紀に建設された教区教会で、戦時中の爆撃にも耐え、旧市街のランドマークになっている。

⑦ザ・マーシュ（旧沼地）

エイボン川と、フロム川の出口であるセント・オーガスティンズ・リーチに囲まれた土地は沼地であった。排水し乾燥した結果、公園状の緑地となり、市街の喧騒を避けての、市民の散歩など憩いの場になったところである。図では、この中に球技場（Bowling green）も描かれている。また、図では錨や大砲などが置かれているが、商人か船主のものとみられる。

時代が経ち、当緑地は私有地となり裕福な市民の洒落た邸宅が建ちはじめる。一八世紀のはじめに、中心部のスペースが整備され、アン女王を記念してクィーン・スクエアと称される矩形の庭園となった。商人などが郊外のクリフトンに邸宅を構えるのは一八世紀後半であり、それまでは当地が邸宅の中心地であった。

沼地は、セント・オーガスティンズ・リーチの西側にもあり、キャノン沼地（Cannons marsh）と呼ばれた。その後に埠頭としても使われていたところで、時代が経ち現代に至りガス工場など工場や倉庫が立地、その後、再開発でロイズ信託貯蓄銀行（Lloyds TSB）の本部などが立地する港湾再開発の中心となる場所である。

なお、ザ・マーシュの南側の対岸には、水車が描かれている。これは、当時は池とエイボン川の間にあった大きな水車小屋で、一三世紀からあったとされる。この水路は、後に港がフローティング・ハーバーに変化したときに、小型船の迂回路として用意されたバサースト・ベイスンの入り口となった場所である。

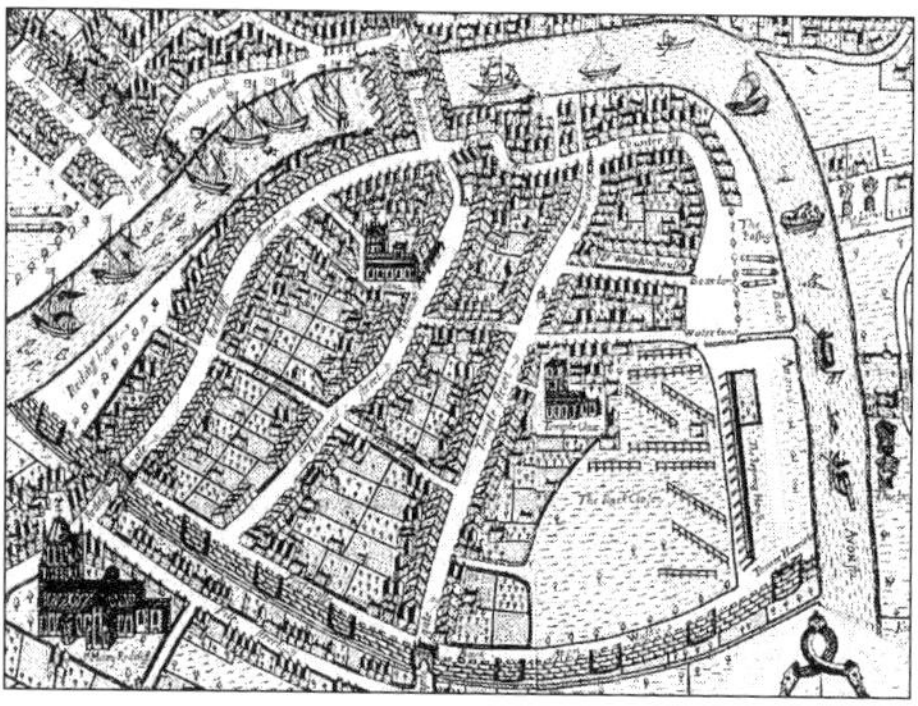

⑧Ａ　ブリストル橋の南側（テンプル・ミーズ周辺）

⑧ブリストル橋の南側（テンプル・ミーズ周辺）

ブリストル城は壊されたが、まだ、南側の城壁は残されていた。もともと、ブリストル橋の架け替えと、フロム川の付け替えのときに、エイボン川の水を逃がした水路の跡に壁を構築したものである。壁の外側には溝があり、元の水路のように水が流れていた。この城壁にあるテンプル・ゲートを入るとテンプル・ストリートとなり、先にはテンプル教会がある。また、門の外側の東側には、

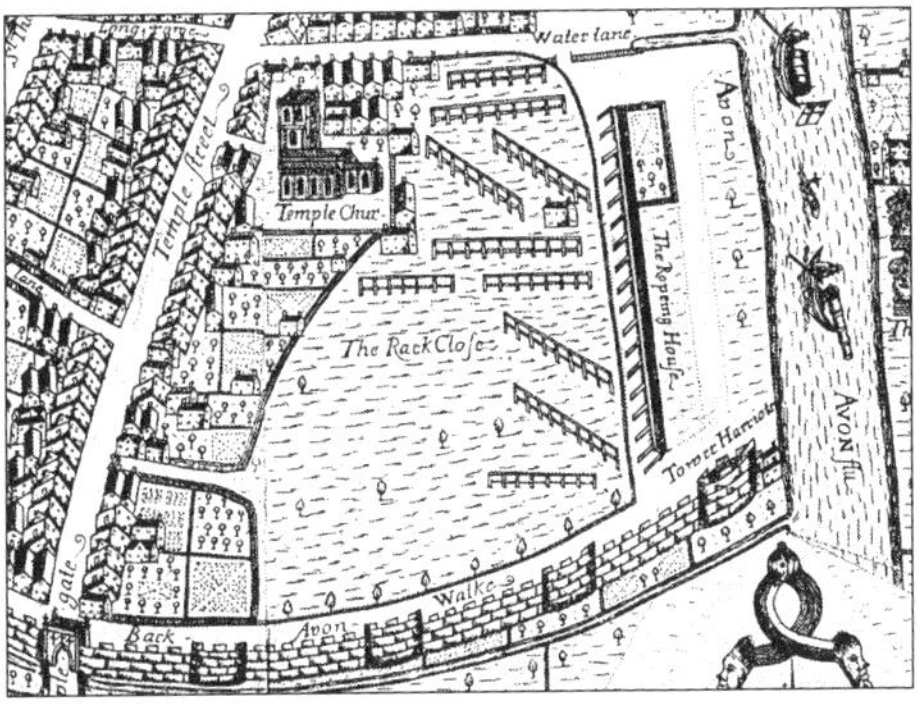

⑧B　毛織物業者が製品の布を伸ばし，乾かしていた柵

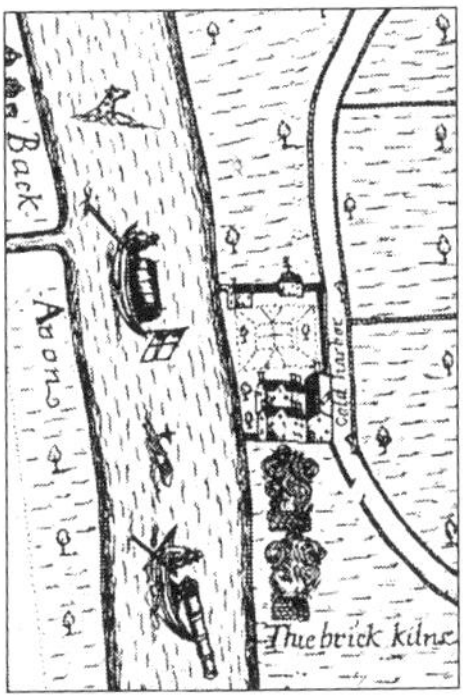

⑧C　石灰石等の焼結工場

テンプル・ミーズ（牧草地）がある。かつてテンプル騎士団に与えられた一帯の土地である。現在のブリストル・テンプル・ミーズ駅は、一八四〇年に、ロンドン・パディントン駅からのグレート・ウェスタン鉄道の終着駅として、この場所に建設されたものである。

なお、図には草地に柵のようなものがいくつか描かれているが、当時ブリストルで盛んであった毛織物の業者が、製品の布を伸ばし、乾かしていたところである。また、エイボン川の東には、石灰石やレンガの焼結工場（キルン）が見えている。ともに、市の拡大にともなう大きな建材需要に対応するものであったとみられる。後に、ブリストルの主要産業の一つにもなるガラス工場が多く建てられるのもこの地域である。

⑨ブリストル橋の南側（レッドクリフ周辺）

テンプル・ゲートのほかのもう一つの門が、レッドクリフ・ゲートである。レッドクリフは南西部が丘になっている地形である。丘の下、レッドクリフ・ゲートを入る前にあるのが、セント・メアリー・レッドクリフ教会である。一二世紀初頭に船乗りや商人

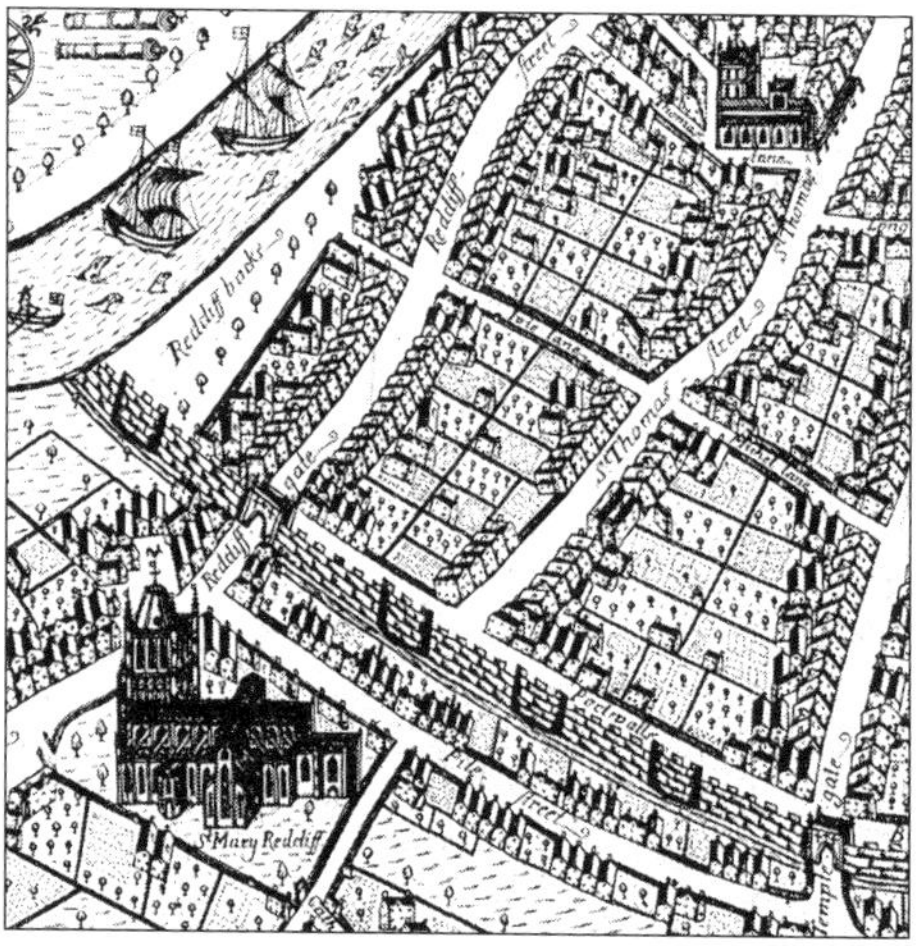

⑨　ブリストル橋の南側（レッドクリフ周辺）

のために創建され、一五世紀にゴシック様式の全体の建物ができたものである。インググランド最大級の教区教会である。図では塔の上部が仮設状になっているが、一三世紀に造られた尖塔が、一五世紀の落雷により破壊されたままになっているためである。尖塔は一九世紀後半に高さ約九〇メートルで再建され現在に至っている。

レッドクリフ・ゲートを入ると、レッドクリフ・ストリートとなる。セント・トーマス教会の前を通るセント・トーマス・ストリートとともに、ブリストル橋に直接向かう通りである。レッドクリフ・ストリートのエイボン川側は、レッドクリフ・バックと呼ばれ、比較的広い荷下ろし場になっている。時代は下り、一九世紀になってこの場所に、穀物関連の工場や倉庫が並ぶことになる。

⑩ロイヤル・フォート

市街地の北西（四九頁の地図の上端）、セント・マイケルの丘にイングランド内戦時の一六四四年に、プリンス・ルパートによって再築され使われた要塞があった。もともと、ウインドミル・フォートと呼ばれブリストルを守っていた要塞である。一六五五年にすべて解体されており、一六七〇年代の本地図作成時には、既にロイヤル・フォートは地名だけが残り、そこに家が建っている。同時期に解体消滅したブリストル城と並び、ブリストルの歴史を記憶する場所の一つである。

一八世紀には、ブリストルで最初に銀行を設立した資産家ティンダール家が土地を購入、庭園付きの豪邸を建て二〇世紀初頭まで同家が使っていた。それを、タバコ会社経営のウィルズ家が買い取り、結局、同地はブリストル大学に寄贈される。現在、ロイヤル・フォート・ガーデンとして残り、ブリストル大学のキャンパスの一部となっている。

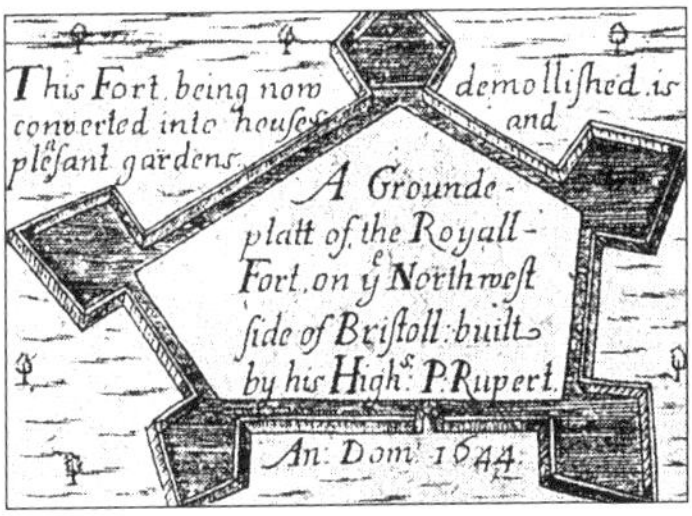

⑩A　解体前のロイヤル・フォート

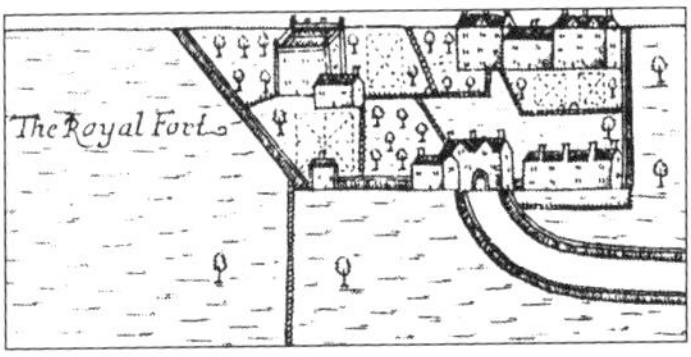

⑩B　ロイヤル・フォート解体後の土地利用

3　三角貿易と都市間競争

1　三角貿易への参入と撤退

ブリストル商人は、大西洋・新大陸に進出する中で奴隷貿易にも手を染め、ブリストルの港は、悪名高い三角貿易の拠点になっていく。すなわち、繊維製品、武器、雑貨、ラム酒等を西アフリカに運び、奴隷と交換、それをプランテーション等で労働力を必要としていた西インド諸島やアメリカ大陸に運び、砂糖、タバコ、綿花などの原材料と交換し、イギリスに持ち帰ったいわゆる大西洋三角貿易である。商人は巨万の富を得、都市は大いに経済的繁栄を享受した。

アフリカ黒人の奴隷貿易は、もともとは、ポルトガルやスペインがはじめたといわれるが、一七一三年のユトレヒト条約（スペイン継承戦争の講和条約）でイギリスがスペインの奴隷貿易に参入できることになり、その後イギリスが世界の大半を占める形となったものである。

イギリスではロンドンが最初にはじめている。ロンドンは、アフリカ貿易の独占会社である王立アフリカ会社（Royal African Company）があったことから、一七世紀末まで奴隷交易の中心であった。同社は、一六七二年設立の対アフリカ交易会社で、前身は一六六〇年設立の王立アフリカ冒険商人会社（Company of Royal Adventurer Trading to Africa）である。ロンドン商人を中心としてヨーク公（後の国王ジェームス二世）を代表に設立され、奴隷貿易を含む対西アフリカ貿易を独占した。一六五一年制定の航海条例により、同地への他国の参入が禁止されていたためイギリスが初期の三角貿易で利益を独占、そのなかで同アフリカ会社が活躍していた。このため、同社の交易は、ブリストルやリバプールの商人から非難され、一六九八年に独占が廃止された。その後、ブリストルやリバプールの商人が急速に三角貿易に参入することになったのである。

アフリカ交易のロンドン独占が解放されると、まずブリストルが参入しロンドンを徐々に引き離し首位を占めるに至る。ついでリバプールが、港湾における優位性と後背地の綿織物工業の発展を背景に拡大していく。その後、三角貿易は一九世紀初頭まで続くが、最後はリバプールがその中心となっていった。なお、当時ブリストルでは、人権論者が活躍し、先駆けて奴隷貿易を縮小。イギリス全体では一八

アフリカ奴隷船（297トン）の下層デッキの図（Illustration engraved by T. Deeble, Bristol Recording Office, P. Aughton, *Bristol: A People's History,* Carnegie Publishing, 2000）

表５　18世紀におけるイギリスの三大奴隷貿易港の状況（数字は年平均）

	ロンドン		**ブリストル**		リバプール	
年	①	②	①	②	①	②
1699-1702	73	15,694	4	630	1	42
1728-1732	40	10,513	48	10,872	14	2,779
1743-1747	6	1,879	20	5,161	31	7,497
1783-1787	24	7,269	14	3,830	81	26,260
1798-1802	18	5,105	4	841	135	37,086

①は，アフリカへの奴隷貿易船の出港隻数，②は，アメリカに運んだ奴隷の推定人数

（資料）*Bristol & Atlantic Trade in the Eighteenth Century*

〇七年に奴隷貿易廃止法が成立、同法は罰金制のためその後も奴隷貿易は続いたが、一八二七年には厳しい処罰対象（奴隷貿易業者は死刑）となり消滅していった。

　一八世紀に、イギリス船によってアメリカに運ばれた奴隷の数は約二七〇万人に及んだ。この間、ブリストルでは、のべ二〇〇〇隻強の奴隷貿易商船が活躍し、全体では約二〇パーセントの関与率であり、五〇万人前後を運んだことになる。奴隷貿易への関与は、貿易商人だけではなく、それへの投資家、さらにはアメリカでのプランテーションの経営者など幅広く、一八世紀のブリストルの富の最も大きな源泉であったことはいうまでもない。

　ブリストルには、黒人奴隷に関係したなごりも多い。レッドクリフの中を通るギニー・ストリートはその一つである。ギニーは、西アフリカ貿易と関係深い金貨の名称である。同じく、レッドクリフにある人工の洞窟、レッドクリフ・ケーブスは、奴隷貿易に必要な品々を貯蔵したとの話がある。クリフトン方面にいくなだらかな坂道ホワイトレディース・ロードを上がった先にある丘、ブラックボーイ・ヒルは、関係の有りなし諸説あるが、人種にかかわる表現であることは間違いない。数ある古いパブの中には、奴隷貿易商人がかかわったところも多い。プリンス・ストリートにあるパブの一つ、現シェイクスピア・パブは奴隷商船に投資した二人の商人たちが建てたものである。バサースト・ベイスンの岸にあるオーストリッチ・インには、黒人奴隷と関係する洞窟が開いている。このほか、奴隷労働による砂糖やタバコなどに関連するもの、奴隷商人に関連するものを入れれば、その数は相当数に上る。奴隷で得た富による各種施設やインフラを含めれば都市ブリストル全体になごりがあるといっても過言ではない。近年、あえて名前をつけた場所もある。セント・オーガスティンズ・リーチに架かる新設の跳開式歩道橋は、ペロ・ブリッジといい、一八世紀末にカリブから連れてこられて奴隷商人が使っていた黒人奴隷ペロを悼んでつけられたものである。

　一方、前述のごとく、ブリストルは奴隷廃止論者（アボリッショニスト）が、大いに活躍した場でもある。当時のイギリス本国での奴隷は僅かしか居ず、廃止論はすなわち奴隷貿易廃止論であった。廃止論者たちは何らかの形でブリストルとかかわりを持っている。たとえば、廃止論者の先鋒トーマス・クラークソン（一七六〇〜一八四六年）は、ケンブリッジからブリストルを訪ね、ブリストル橋を渡った

黒人奴隷と関係の深いパブ，オーストリッチ・イン（筆者撮影）

先にあるセブンスターズ・パブなどで密かに船員たちから貿易の実態を聞きだしていった。奴隷貿易の廃止、さらにはイギリス植民地における奴隷制度を違法とする奴隷制度廃止法（一八三三年）にまでもっていくきっかけをつくったのである。

初期の廃止運動の主体はクエーカー（フレンズ教会）教徒たちであった。クラークソンもその一人である。非国教徒のクエーカーが多かったのがブリストルであり、一七世紀の地図にも中心市街にフレンズ教会が載っている。万人が内なる光、聖霊を持ち、霊的に平等であると説くクエーカーは、イギリス発祥のプロテスタントの一宗派であるが、非国教徒に対する差別から公的な職業に就けず、また教区教会への税の支払いを拒否していたため農村にも住み難く、ブリストルなど都市部に集まり、商工業に従事していた。

アメリカでは、既に一七世紀末からクエーカーを中心に奴隷制度への反対運動が起こり、奴隷制により生産されたサトウキビの砂糖を使わず、サトウカエデ、メープルの砂糖を使用するなどの抗議活動を起こしたりしていた。一七八〇年にペンシルベニア州で段階的な廃止が決まり、北部の諸州でもその動きが進んでいった。一七世紀にアメリカに渡って新しい信教自由の国、ペンシルベニアを作ろうとしたブリストルにルーツをもつウィリアム・ペンが同教徒であったのは前述（二三頁）の通りである。イギリスでの廃止運動は、アメリカからの逆輸入ともいえよう。クエーカーの多いブリストルがその先陣を切って、実質的に奴隷貿易を廃止していったわけである。

なお、ブリストルと奴隷の関係について付言すれば、その昔、ブリストルの港が発展しはじめた一一世紀、ブリストルは、白人（アングロ・サクソン）奴隷取引の中心地でもあったという事実である。ウェールズや北部イングランドで捕えられた男女、子供は、ブリストルに集められ、そこから奴隷としてアイルランドのダブリンに売られ、さらにバイキングの首領によって各国に売り払われていたという。王により禁止されたが、長い間、地下で行われていたようでもある。また、新大陸に奉公人として白人男女の大人子供を半ば騙して誘い、ブリストルの港から連れていき、利を得たという話もある。一七世紀に入りブリストル商人が、急速に奴隷貿易に進出した一つの背景、奴隷に対する感覚や商業的な意識のルーツとしても理解できそうである。

2　マーチャント・ベンチャー協会

ブリストルの商人団体であるマーチャント・ベンチャー協会（Society of Merchant Ventures）は、一三世紀にあった商人ギルドから進化したもので、設立以来ブリストル市とほぼ同一の立場で活動を繰り広げ

右：初期のマーチャント・ホール（James Millerd, *An Exact Delineation of the Famous Citty of Bristoll and Suburbs,* 1673, Bristol's Museums, Galleries and Archives）
左：マーチャント・ベンチャー協会のエンブレム（John Latimer, *The History of the Society of Merchant Venturers of the City of Bristol,* J. W. Arrowsmith, 1903）

てきた。これは、イギリスの中でも独特のもので、いかにブリストルが、商人を中心として発展してきたかの証左でもある。同団体の主な役割は、市内の海事取引において、部外者がブリストル市民の利益を奪うことのないように規制することである。団体は、一六世紀半ばに国王エドワード六世からブリストルの海上貿易の独占権をロイヤル憲章によって付与されていた。かつてキャボットの大西洋航海を支援したのも前身の商人ギルドであり、一七世紀末に奴隷貿易の権利をロンドンから獲得してきたのもマーチャント・ベンチャー協会である。

一六世紀のはじめから一九世紀初頭まで、ブリストルの港を管理、その後のフローティング・ハーバーへの転換や数々の港湾施設整備に尽力し、また、一九世紀に至り、グレート・ウェスタン鉄道やクリフトン吊橋などの大規模プロジェクトを進めたのも同団体である。

一方、慈善活動や教育活動にも大いにかかわっている。一六世紀末に船員の子弟たちの教育からはじまった学校は、一八世紀以降、ブリストル貿易学校、マーチャント・ベンチャー学校、そしてマーチャント・ベンチャー技術カレッジに展開していく。

同カレッジの一部は、二〇世紀のはじめブリストル大学の発足にともない、同大学工学部となり、また、一部は、ブリストル・ポリテクニックとなり、西イングランド大学の前身となっていく。なお、現在の西イングランド大学は、規模の大きい総合大学であるが、財政的にはブリストル市がかなりの部分を負担しており、ブリストル市の都市計画をはじめ、多くの政策と密接な関係を保っている。

ブリストルの慈善活動は、イギリス全体の中でも特別に盛んである。その一人の立役者が、一七世紀前半にブリストルの商人の家に生まれ育ったエドワード・コルストンである。コルストンの父は、カナダ・ニューファウンドランドに大きな土地を持っていた資産家で、マーチャント・ベンチャー協会の一員であり、砂糖貿易などを手がけていた商人でもあった。コルストンは、長じてロンドンで商人として活躍、奴隷貿易を進めていた王立アフリカ会社のメンバーすなわち出資者になっている。奴隷貿易が巨利を生むことを十分理解していた。同メンバーになったのが一六八〇年であるから、ブリストルの参入以前である。当時、奴隷貿易の権利をロンドン独占からブリストル等へ開放するために活躍したことは十分に想像できる。

コルストンは、ロンドンに住んでおり、商業のかたわら、とりわけブリストルにおける慈善活動を盛んに行っている。救貧院、病院、学校、教会などに多額の資産を提供し、またその運営のための資産管理をマーチャント・ベンチャー協会に託してもいる。後にブリストル選出の国会議員になり、活動の幅はより広がり、ブリストルにとってなくてはならない人物となった。市はもちろん、国家からも高く賞賛され顕彰がなされている。ブリストルには、コルストンという名称が、コルストン学校、コルストン・ホール、コルストン・ストリート等々、多く残り、一九世紀末には目抜き通りに銅像も建設されている。商人が本格的に慈善活動にかかわった初期の部類である。もちろん、このような顕彰に異を唱える人がいるのもいうまでもない。

なお、一七世紀以降の活発な慈善活動の底流は現在にも及び、ブリストルには数多くの慈善活動NPOが存在している。パーク・ストリートなどブリストルの目抜き通りには、各種のチャリティ・ショップが軒を連ねているのが、その一例でもある。また、慈善活動が活発である背景には、ブリストルが経済的に恵まれたまちである反面、市内における所得格差の問題が横たわっていることも関連しているのは事実である。

ギルドホールやエクスチェンジの建てられたコーン・ストリート（筆者撮影）

3　都市と産業の発展

ブリストルは、一八世紀に繁栄の黄金期を迎えたといってよい。人口は、一七〇〇年に約二万人、一八〇一年に六万八〇〇〇人と拡大する。その繁栄期に、都心部ではブリストル橋が再築（一七八〇年代）され、ギルドホールやエクスチェンジ（交易所）など重厚な建物ができていく。同時にクリフトンなど瀟洒な新郊外住宅地もできていく。

クリフトンは、ブリストルの西側丘陵部で、もともとは荘園であった。一七世紀末からマーチャント・ベンチャー協会が多くの土地を取得し開発していったところである。特に、一八世紀から一九世紀にかけて、ブリストルの富んだ商人たちが好んで住んでいる。エイボン・ゴージに近い高台で風通しもよく、夏は港の近辺よりは涼しくて当時は避暑地の感もあったようである。エイボン川側に下ると、ホットウェルという川沿いの場所に温泉保養地も開発され人気を呼んだ。雰囲気は全体として優雅な場所で、手の込んだジョージアン様式の邸宅やテラスハウスが数多く並んでいる。その中の建物の一つに、ロイヤル・ヨーク・クレッセントという、一八世紀末から一九世紀にかけ建設された世界一の長さを誇る白亜の円弧状テラスハウスがある。ほぼ同時期の一八世紀後半に建てられた隣町の温泉地バースの赤錆色の大型テラスハウス、ロイヤル・クレッセントと並びイギリス国内で有名な建築物である。

一八世紀には、産業面でもブリストルは大きく発展する。奴隷貿易と関連する真鍮製品の製造や砂糖精製、あるいはガラス製造など、アフリカや新大陸との貿易による産業が続々と立地していく。資料によれば、一七九九年にブリストルには二〇の製糖工場があったという。また、アフリカ人の関心をそそったガラス製品やビーズ玉の需要に対応するガラス工場も多くあった。当時の都市図には大きなコーンの形をした煙突のあるガラス工場の姿が数多くみられる。ガラス瓶は、カリブ方面で粗糖の生産時に副産物として得られたラム酒を運搬、販売するためでもあった。このほか、陶器製造も盛んでこれもアフリカや新大陸への輸出品であった。タバコ、チョコレート、そして石鹸（一部はヤシ油が原料）なども、それぞれプランテーションと関連する産業集積であった。

銅や真鍮合金など金属産業も盛んとなった。それを使った台所用品がアフリカへの有力な交易品であったからである。以前からの造船業の集積に加え、金属産業の発達は、産業革命後、蒸気機関車製造など機械産業にもつながり、新大陸アメリカへの輸出産業にもなっていく。なお、これらが、ブリストル

クリフトンに立つロイヤル・ヨーク・クレッセント（筆者撮影）

における二〇世紀前半の自動車産業や、今日のブリストルの重要産業である航空機エンジン、そして航空機産業の基盤のルーツの一つになっていることは想像に難くない。いってみれば、奴隷貿易のなごりは、現在のブリストルの産業にも尾を引いているといえるかも知れないのである。

当時、ブリストルが産業都市になったのは、上記のような需要要因や輸送要因があったことはいうまでもない。地域に蓄積された技術の存在という要因もあった。それらに加え一部に原材料の供給要因もあった。その一つが、ブリストル市内およびその周辺に産出された石炭である。ブリストルには炭層が通っており、ブリストル炭田といわれる炭鉱が市内にいくつか発見され、一八世紀中頃には、採鉱会社も設立されている。中心市街地からエイボン川を越えてすぐ南側のベドミンスター、東側のイーストンなどの炭田が開発されていく。一八世紀後半から、特に工場動力として蒸気機関が使われるようになるとその開発は進み、多くの炭鉱が市街地の周辺、なかでも東側に展開していく。低賃金の炭鉱労働者が増加し、労働者向け住宅が建造されていったのもその頃である。なお、石炭は、蒸気船の時代を迎えた港湾都市ブリストルにとっては、とりわけ重要な産業の一つでもあった。

4 都市間競争、ライバルの出現

しかしながら、大西洋交易の発展拡大は、次にブリストルを大きな試練に立たせることとなる。商業船の大型化である。この点、川港であるブリストルは不利になっていく。とりわけ潮汐差が大きな港であり、大型船になればなるほど、航行や停泊、時間のかかる荷の積み下ろしに難点が増えていった。

ブリストルのライバルとして登場したのが、同じ西海岸に位置するリバプール。マージー川の河口で、ほぼ海港といってよい。ブリストルと比べれば、もともと小さな港町であったが、リバプールはいち早く一七一五年イギリス最初の係船ドック（ウェットドック）を建設し、潮汐差への対応手段を確保した港を整備する。以降、同港には特に外国貿易船が増えていくことになるのである。大西洋貿易船のサイズが大きくなるに従い、運行コストの相対的に安いリバプール港にシフトしていったのである。

リバプールは、ロンドンやブリストルに遅れて三角貿易にも乗り出し、たいへん熱心となる。最初の係船ドック建設以降、一八世紀を通しドックの建設が次々と行われ、ますます船が集まるようになっていった。インフラの資金源泉の一つでもあった高利潤の三角貿易では、一八世紀後半に国内最大の基地となり、奴隷貿易廃止法成立後もしばらく携わるなど、巨利を得たのはまさにリバプールであった。

一方、一八世紀後半に起こった産業革命は、リバプールの後背地、良質の炭田を近くに抱えたマンチエスターなどを急速に大きな産業都市に変貌させていく。それまで産業集積を誇った都市でもあったブリストルは、後背地に本格的な産業が育たず、一八世紀末頃にはミッドランドのバーミンガムや、ランカシャーのマンチェスターなどにその座を奪われることになる。そしてリバプールは、ブリストルと異なり、発展する後背地とのネットワークを、運河や、後に鉄道で充実させ一大港湾物流基地としての大都市に急成長していったのである。

ブリストルは、この間の状況変化を等閑視していたわけではない。一八世紀初頭から大いに議論は始まっていた。しかし、それまでの余裕からか議論は空転し、実際の行動に移ったのは、かなり経ってからである。問題に対し、港湾の大改革、フローティング・ハーバーの建設で対応することになったのである。しかし、それが完成し稼動しはじめたのは一九世紀に入ってからのことであった。

4 一九・二〇世紀にかけての港の変化

繁栄を謳歌したブリストルであるが、大西洋航路を中心とする外洋船の大型化、産業革命以降の全国的な産業立地構造の変化、ライバル港の伸長による港湾の相対的衰退、そして、現代に至っての、自動車交通による都市構造の変化、さらには、大きな時代の波としての産業構造の変化、などなど、相つぐ大きな環境変化に対応を迫られたのが、一九・二〇世紀のブリストルである。この間の大まかな動きを述べれば次の通りである。

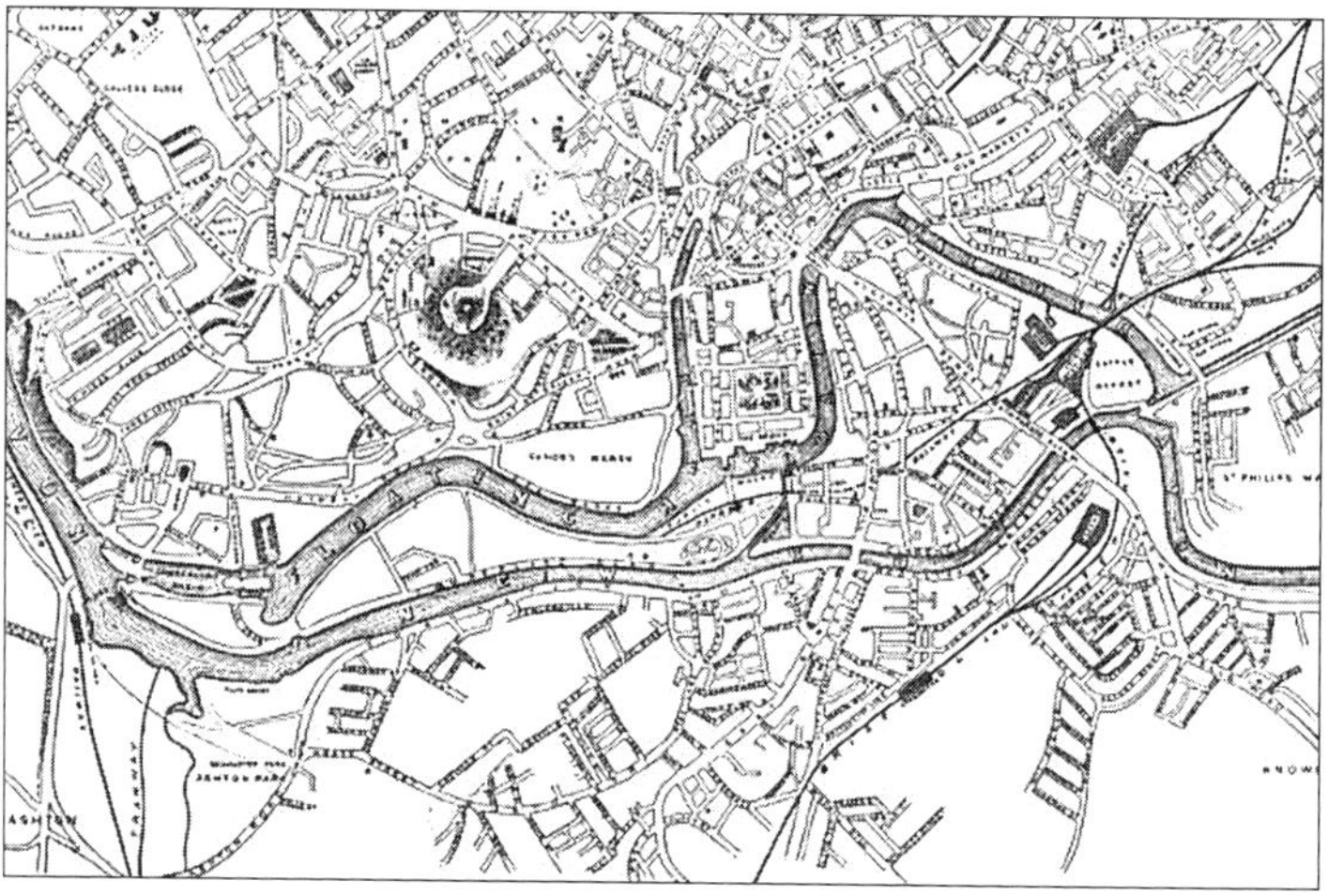

フローティング・ハーバーの全体，1882年図（J. F. Nicholls & J. Taylor, *Bristol Past and Present,* Vol. III, J. W. Arrowsmith, 1882）

1　フローティング・ハーバーへの転換

次章に詳しく見るが、ブリストル港は世界でも類まれな、超大型ドックとみなしてもよい機能を持つフローティング・ハーバーに大転換を果たす。一八〇九年に、ロック式のフローティング・ハーバー（別名シティドック）が完成。潮汐差が大きく、港湾業務に難点のあった旧来の港から、一定水位を保った巨大な水面を持つ港湾空間となる。すなわち、それまでの港における水位状態の時間的変化の中で、最高の時間帯の状態を常時保つという形への転換である。建設時においてそれまで使用してきた港湾をそのまま移行することができたのも、転換プロセスとして大きな特徴のあるプロジェクトである。

工事のポイントの一つはフローティング・ハーバーに並行した形での、エイボン川の新流路であるニューカットの開削であった。この方策も類《たぐい》まれといってよいものである。単なるバイパスではなく、ブリストルならではの自然の水の流れ、動きに対応し

往時のセント・オーガスティンズ・リーチ，1868年（Bristol's Museums, Galleries and Archives）

た知恵の産物である。
　ブリストルの港は、このフローティング・ハーバー化により、他の港への商業船の逸走を防ぎ、結果的に相対的な順位は下げながらも絶対量は伸び、港湾として時系列的には繁栄を続けることになった。

2　新港湾の建設

　フローティング・ハーバー化を果たしたものの、川港であることに違いはなく、水位変化の激しいエイボン川を遡るという形態に変化はなかった。したがって、空間、時間的な制限は強く、運航コスト上、不利であることは免れ得ないものであった。そこで、やはりリバプールなどと似た海港への変換が求められる。すなわち、外港としての新港の建設とそちらへの港湾機能の移転である。

　もちろん中小型船の需要もあり、大きく分けてそれら中小は従来港のシティドックで、大型船は河口部の新港で、という形での機能分担を企図する。当初は、いうまでもなく、シティドックがあくまで中心で、新港はアネックス・ポート（付属港）といったものであった。つまり、シティドックの一部不利な部分を補完する新港の計画であった。

一九〇八年には、エイボン川の河口（エイボンマウス）に大型船のための本格的なドック式の新港であるロイヤル・エドワード・ドックが建設される。シティドックへの航行船舶規模の制限、エイボン川の航行上の問題点はやはり大きく、結果として貨物取扱の中心がシティドックから新港に移動する。なお、河口には、一八七七年に最初の小型ドック、エイボンマウス・ドックが造られてはいた。新港が造られたものの、旧港が中心部に近いという地の利の面はあいかわらず強く、しばらくはシティドックが急速に衰退するということでもなかった。

ところが、一九六〇年代に、シティドックの貨物取扱は急速に減少していく。市街から離れているという新港の不利が、主に道路の整備により克服されていったからである。物流はほとんどが新港に移り、細々と利用されるだけになっていたシティドックは、一九六〇年代末から七〇年代はじめにかけて実質的に商業船対応の役割を終えてしまうことになる。そしてついに一九七五年には完全に機能を終了するのであった。それまで港湾設備は一部メインテナンスされてはいたが、終了を機にそれもストップ。通常の使用はほぼ困難な状態になった。

なお、二〇世紀後半の一九七八年に、新港にもう一つの大型ドックであるロイヤル・ポートベリー・ドックが建設される。以降、新港はイギリスでも有数の有力港湾として位置づけられ、貨物量も各種の物流関連設備の整備や、後背の道路輸送整備とあいまって伸び、港湾都市ブリストルの地位は今でも決して衰えていない。

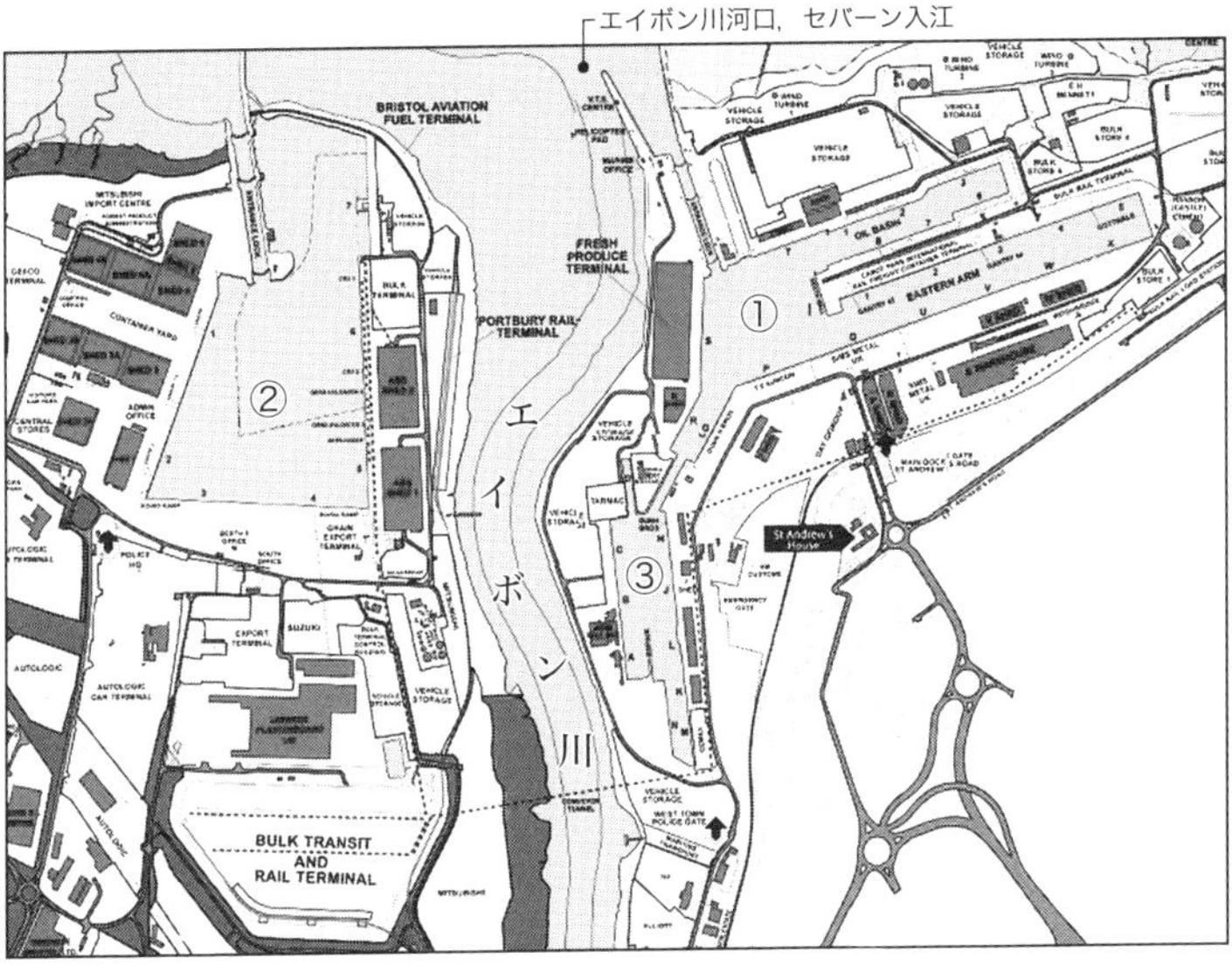

エイボン川河口ドック全体図（The Bristol Port Company 資料より抜粋，加筆）
①ロイヤル・エドワード・ドック（1908年建設） ②ロイヤル・ポートベリー・ドック（1978年建設）
③エイボンマウス・ドック（1877年建設）

エイボン川河口ドックを示すポスター（Andy King, *The Port of Bristol,* Tempus Publishing, 2003）

さて、以降、旧港の用途転換がはかられることになる。一部埋め立ての考えも出されるが、紆余曲折を経て、結果的に港は保存されることになり、一九八〇年代末から本格的にハーバーサイドの再開発がスタートする。使用されず荒廃状態の港湾空間の再開発は、簡単には進まなかったが、全英クラスの銀行本部の立地を機に大きく動き出し現在に至っている。ハーバーサイドは業務機能、住宅機能、レジャー・公園的機能の利用が中心である。

しかしながら、他の多くの港湾都市等のい

わゆるウォーターフロント再開発とまったく違うところは、静穏な港湾水面との一体感である。すなわち、ブリストルのハーバーサイド再開発は、陸側よりも水面に焦点があり、水面利用を積極的に行っているところである。もちろん、水面は一〇〇パーセント完全にプレジャー用途である。通常、他都市でのウォーターフロント開発では、陸側の諸施設や建物に関心がいき、目線もそちらを向くのがよくある姿であるが、ブリストルでは、水面に関心がいき、水上の船や人の動きに多くの目線が向かうという姿である。

3　市街地内水面の変化

人口の増大、中心市街地の発展は、特に一九世紀末以降、ブリストル都心部の交通混雑を招いていた。特に、セント・オーガスティンズ・リーチのうち、上部のブロードキー部分にそれが顕著であった。なぜなら、フロム川の延長で港となった同部分には、一八世紀はじめから跳ね橋が架かっており、一八六〇年代に鉄製のスイングブリッジに架け替えられていたが、船の通行時には交通のストップ状態が半時間近くも続いたのであった。同橋はコーン・ストリートの延長であるクレア・ストリートの末端がセント・オーガスティンズ・リーチとぶつかるところ、現在のボールドウィン通りの延長線上にあった。そこで市は同橋以北の水面を覆うことにした。その覆いの上に、新たな通りコルストン・アベニューや緑地帯ができることになる。この場所では、その後すぐの一八九三年にブリストル産業・美術博覧会が開かれている。

このように交通問題から、一九世紀末にブロードキーは縮小を余儀なくされたが、新港の建設と稼動にともない、旧港のスペースも空いてきたことから、さらにその後もブロードキーは埋め立ておよび水面の暗渠化で縮小していく。一九四〇年代には現在の位置まで覆われている。この上部には、道路の新設と同時に、トラムウェイ・センターと称する電車発着所と同本社が設置される。

なお、ブリストルの路面電車は、当初は馬車から始まり電車になったのが一八九五年。英国ではじめて電車を導入した都市である。最盛時には一七路線、二三〇台の車両が使われていた。この電車は第二

ネプチューン像の置かれる旧ブロードキー上部（筆者撮影）

現在のハーバーサイド，ナローキー（筆者撮影）

全てプレジャー用途のフローティング・ハーバー（筆者撮影）

次大戦中に中止され、空襲以降、バスに変わり現在に至っている。別の話であるが、ブリストルのバスは、地元のバス車両会社が製造。同バス車体はイギリス各地で使用され、輸出もされたブリストルの名産品の一つであった。

さて、現在の旧ブロードキー上部は、両側の道路のほか、内側が長く広い公園状の歩行者空間になっている。そしてナローキーへの水面にかけては、新しい形の噴水群が長く並び、また海の神ネプチューン像が置かれるなど、かつての水面および港の記憶を市民に伝える工夫がなされている。噴水の末端は階段状となり常時水が流れ、子供たちが時おり水遊びに興じている。水面には浮き桟橋が敷設され、水に触れることもできる。ブリストルのかつての繁栄と誇りを次世代につなぐ大切な場所となっている。

4　統計数字でみるブリストル港の変化

この間のブリストル港の状況を、船の入港トン数（ネットトン）でみれば、次頁の表6〜8および八〇頁のグラフの通りである。

①外国貿易船についてみると、シティドック（フローティング・ハーバー）建設（一八〇九年）前後（一七九一年と一八四一年の比較）において、相対的順位を大きく下げるなか、数量的に大きな後退はなく、むしろ、その後の河口ドック（一八七七年小型ドック、一九〇八年大型ドック）ができるまでをグラフでみると、比較的緩やかではあるが順調に伸ばしていることがわかる。これは、シティドックの稼動があったからこその成果と考えられる。急速に伸張するのは、河口ドックが本格的に稼動しはじめた一九一〇年頃以降である。なお、第一次大戦時の急増とその後の反動減という特殊時期はあったが、二〇世紀

表6　ブリストル港入港船トン数推移（ネットトン，イギリス内順位）
（シティドック）

	外国貿易船	沿岸交易船
1709年	1万9,800（2位）	不明
1791年	7万9,000（4位）	10万3,000（4位）
1841年	7万5,000（8位）	31万1,000（4位）

（資料）*Making of Modern Bristol*

表7　外国貿易船入港トン数順位（ネットトン）
（1870〜74年平均，石炭港を除く商業港のみ）

1位	ロンドン	441万トン
2位	リバプール	404万3,000トン
3位	ハル	125万8,000トン
4位	サザンプトン	72万9,000トン
5位	リース（エジンバラ外港）	48万トン
6位	グラスゴー	41万6,000トン
7位	グリムスビー	38万4,000トン
8位	**ブリストル**	38万2,000トン
9位	ドーバー	36万トン
10位	グリーノック	28万1,000トン

（資料）*The History and Archaeology of Ports*

表8　外国貿易船入港トン数順位（ネットトン）
（1870〜74年平均，石炭港のみ）

1位	ニューキャッスル	186万7,000トン
2位	カーディフ	88万4,000トン
3位	サンダーランド	69万9,000トン
4位	ハートルプール	48万3,000トン
5位	スワンジー	34万2,000トン

（資料）*The History and Archaeology of Ports*

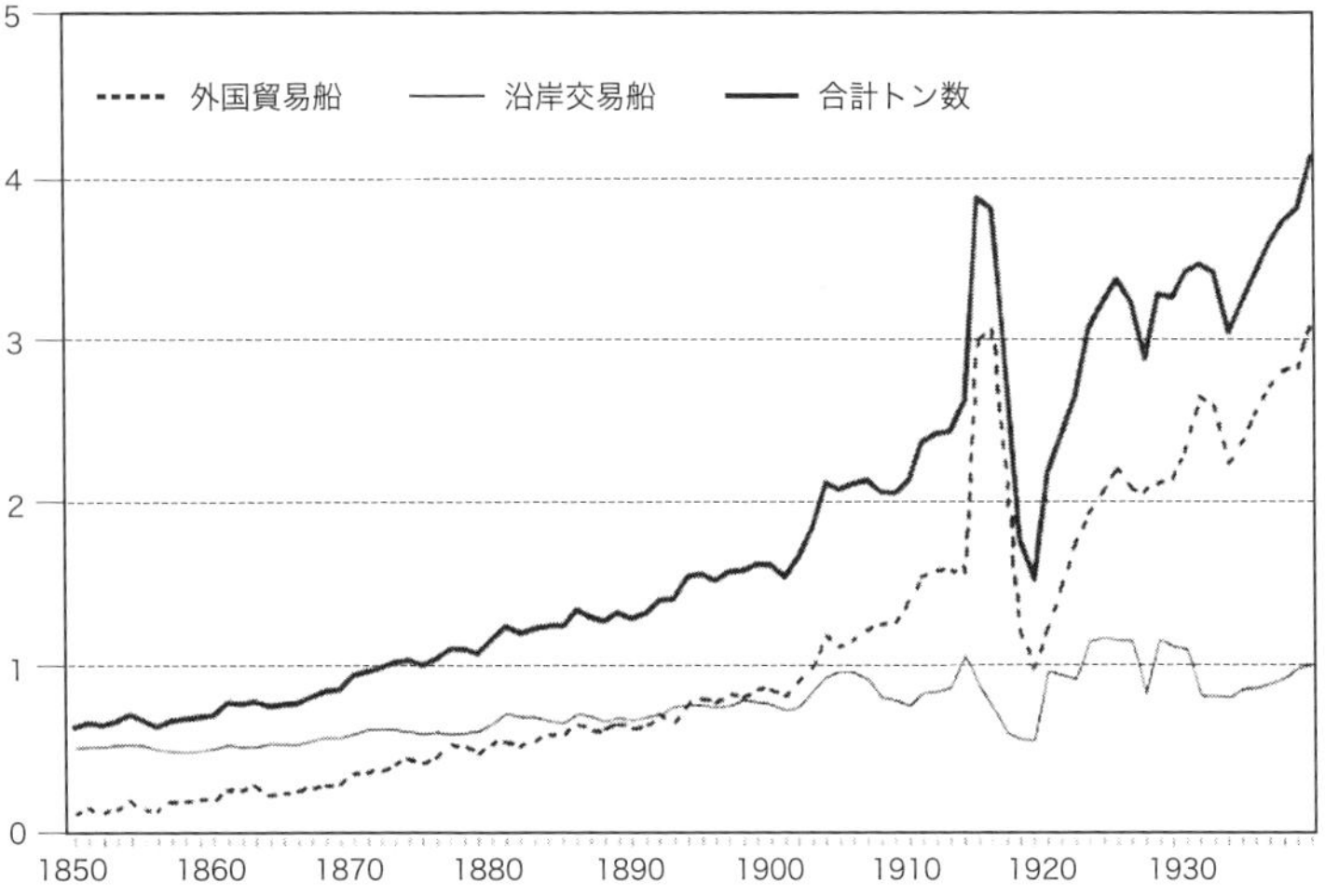

ブリストル港入港船トン数推移（単位：100万ネットトン）
（1850〜1939年，シテイドック＋河口ドック）

（資料）*The History and Archaeology of Ports*

は総じて河口ドックによって大きく外国貿易船が増加可能になった姿がみてとれる。

②一方、比較的小型の沿岸交易船に関してみると、シティドック建設の効果は大きく、同前後（一七九一年と一八四一年の比較）において、三倍と大きく伸び、他の港が急速に発展するなか、相対順位も維持している。河口ドックの建設は主に大型外国貿易船に対応するためであったから、沿岸交易船に関するその効果は特に目立っていない。

③かつてイギリス第二位であったブリストル港は、産業革命を境に地位を下げた。外国貿易船のみの比較で、産業革命後の一九世紀半ば過ぎの数字では、商業港ではリバプールがロンドンに近いトン数になっており、いかにリバプールが大きく躍進したかがわかる。なお、石炭港は当時、ニューキャッスルが圧倒的な地位を占めており、ブリストル対岸のウェールズの新興カーディフ港も大きな扱い量を示している。

④以上のように、ブリストルの港は、一九世紀はじめのフローティング・ハーバー化によって、一〇〇年以上、少なくとも小型の沿岸交易船においては競争力を維持したといえる。また、外国貿易船においても、それによって量的後退は免れた。船の大型化に対応するための二〇世紀はじめの大型河口ドックの建設によって、第二次大戦までは、沿岸船がシティドック、外国船が河口ドックという形で棲み分けが進んでいったとみられる。なお、前述の通り、一九六〇年代には、道路輸送の発達で河口ドックがほとんどの貨物を扱うようになり、シティドックの終焉を迎える。現在のブリストル港の地位は、入港ベースでみると、貨物量九六八万トン、全英一三位（二〇一二年港湾統計）である。

第II章　フローティング・ハーバーの創造と展開

ブリストルの独特な景観、都市の形の基軸をなすのが、都市中心部に拡がるフローティング・ハーバーである。三三ヘクタールの大きな水空間で、一八〇九年に完成して以来二〇〇年を超えた。数年前より、ブリストルではこの二〇〇周年を記念し一連のイベントが繰り広げられた。旧港湾の歴史的岸壁に博物館（M-Shed）が二〇一一年に再生オープンしたのもその一つである。同博物館に付属して、大型クレーンや蒸気クレーンも整備して動態展示され、また、蒸気機関車の旧線路も再生延長され人々を乗せている。水面の蒸気船もしかりである。

このようなイベントと並行して、フローティング・ハーバーに関する歴史研究も西イングランド大学をはじめ、ブリストル市や市民団体を中心に進められていた。現在、いくつかの研究書や案内書も発刊されている。ここでは、それら研究書の一つである Peter Malpass and Andy King, *Bristol's Floating Harbour: The First 200 Years*, Redcliffe Press of Bristol, 2009 を底本として用い、他の研究書や現地調査ヒアリングなどの内容も踏まえ、フローティング・ハーバーについていくつかの重要と思われるポイントを整理して記述していくこととする。

1　その歴史と構造の概要

1　歴史の概観

既述のとおり、ブリストルは、エイボン川と小さな支流のフロム川の合流点にできたまちであり、もともとの港はブリストル橋に近いエイボン川の川岸にあった。中世の交易港として栄えたブリストルは、一二四〇年代に約七〇〇メートルの長さの広くて深い濠を新たに創りフロム川の流れを付け替えている。これが、セント・オーガスティンズ・リーチ（ブロードキーとナローキー）で、次の五〇〇年間、港の中心部になった。

フローティング・ハーバーの建造は一八〇四年から〇九年にかけて行われ、潮汐の影響を大きく受ける感潮河川のエイボン川を、ロック（閘門）により、外の潮汐の状況にかかわらず船が港に常に浮かんでいることができるように変えた。これがフローティング・ハーバーである。この港は三三ヘクタールに及ぶ大きな水空間である。東のテンプル・ミーズ（現在の鉄道駅近辺）から、まちの中央部を通り、西のローナム（ロックの設置された場所）に続く、くねった形の三キロメートルである。エイボン川の自然の流路と、一三世紀半ばに手掘りされたフロム川の延長であるセント・オーガスティンズ・リーチとして知られる開削部分、との合わさった水面である。

建設作業は一八〇九年に完了し、船が常時浮かぶ形となった。これによってやっと、産業化時代の近代化された港湾の発展への、重要な基盤ができたのである。産業発展にともない、フローティング・ハーバーには、これまで以上の多くの船が停泊することとなる。さまざまな用途の倉庫が立ち並び、蒸気クレーン、鉄道線路、荷物置場など、各種港湾施設に囲まれた近代港湾となっていった。

時代は移り、そのフローティング・ハーバーと港湾関連施設の空間が、今、これまでとはまったく異なった目的のための場所に作り変えられている。定期・不定期の貨物船、港を行きかっていたバージ船は、ヨット、モーターボート、ナローボート、スポーツ用漕艇、

フローティング・ハーバー建設後のブリストル港，19世紀（J. Nicholls & J. Taylor, *Bristol Past and Present,* Vol. III, J. W. Arrowsmith, 1882）

フローティング・ハーバー建設後のブリストル港，1836年（Joseph Walter の絵．http://commons.wikimedia.org/wiki/File:Joseph_Walter_-_Bristol Harbour.jpg）

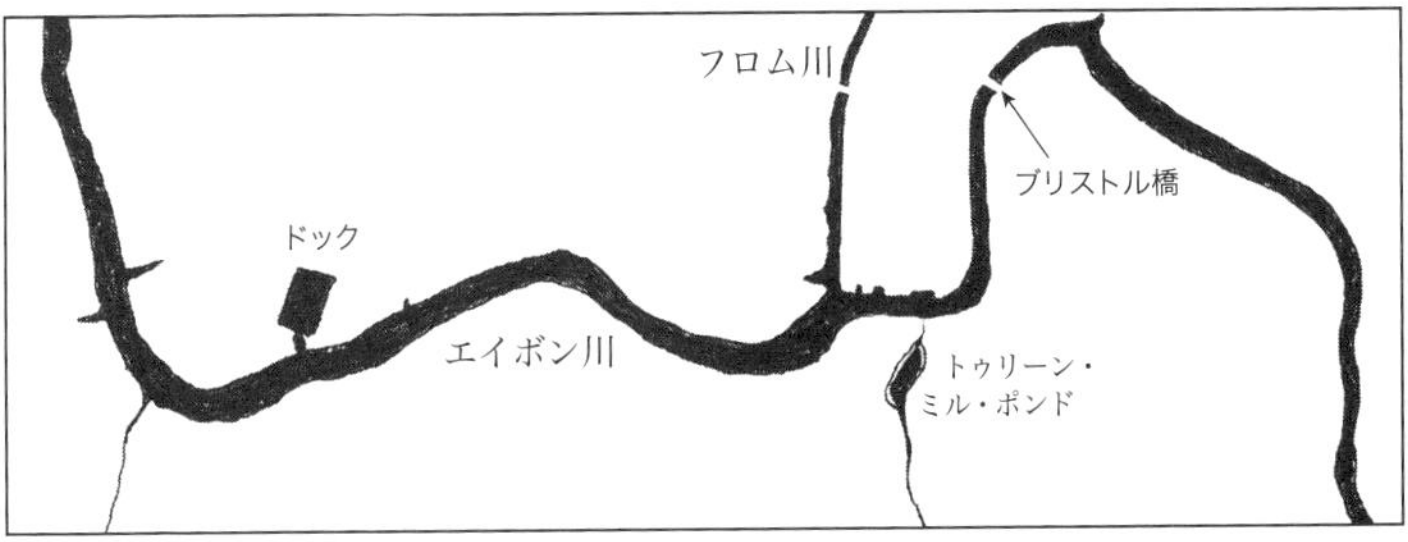

フローティング・ハーバー建設前のエイボン川の姿，1700年頃（The Southville Community Development Association, *A Celebration of the Avon New Cut,* Fiducia Press, 2006の図をベースに筆者作成）

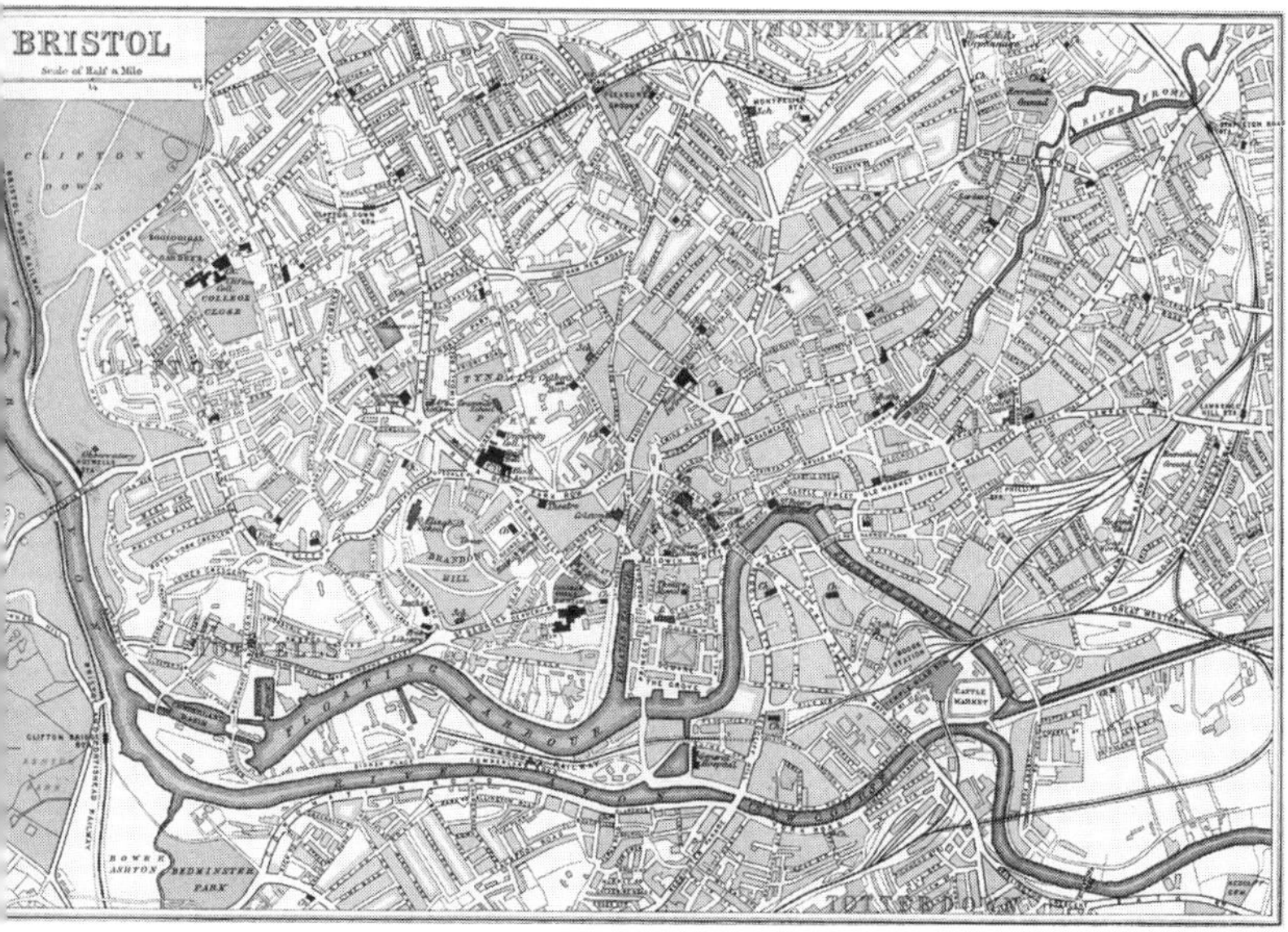

フローティング・ハーバー完成後のブリストル市街，1900年（http://freepages.genealogy.rootsweb.ancestry.com/~pbtyc/1901_Data/Bristol_1900.html）

フローティング・ハーバーの現在，レッドクリフ・ワーフ方面を望む（筆者撮影）

フローティング・ハーバーの現在，バルチック・ワーフ近辺より東を望む（筆者撮影）

などと入れ替わっている。当時の鋼鉄船や木造帆船も係留されているが、レストランや、市民のための動態的な展示物として、である。

見渡せば、ジョージアン様式の白亜のテラスの連なり、かつてエリザベス一世がイングランドの教区教会の中で最も美しいと讃えたゴシック建築のセント・メアリー・レッドクリフ教会、緑に覆われた丘ブランドン・ヒルなど、中世・近世からの建物や自然景観が昔と変わらず多く残っている。一方で、旧倉庫や港湾施設は小奇麗に再生再活用され、芸術系施設やミュージアム、パブ、レストランなどとなって並び、新築の住宅やオフィスもそれらと一体となり、水面のプレジャー利用と相まって新しい景観を形成している。

その昔の港湾労働者たちの仕事場であったこの場所は、今や、完全に市民のレジャーや文化あるいは新しい仕事や生活の場として生まれ変わっているのである。一九世紀初頭よりフローティング「ハーバ

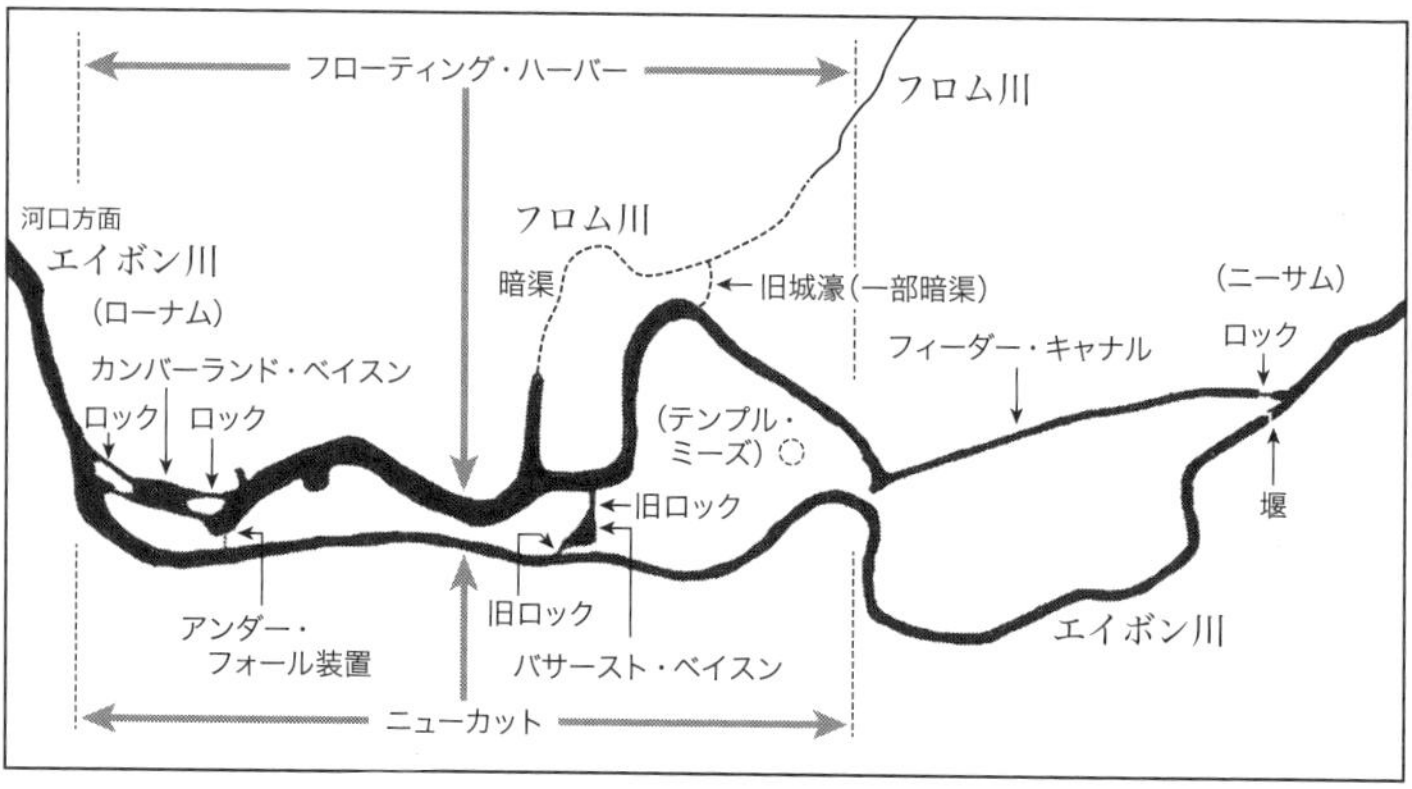

フローティング・ハーバー全体における水の流れの構造（筆者作成）

ー」、そしてシティ「ドック」と呼ばれていたが、港湾から都市の水辺空間への内容変化を受け、近年では「ハーバーサイド」という呼称も日常的に使われるようになってきている。

2　構造の概観

フローティング・ハーバーにかかわる水の流れの構造を概略記せば次の通りである。

①市街地の西部、エイボン川の下流側、ローナムにロックとダムが存在。エイボン川はロック以東上流部が、水位の一定な水域であるフローティング・ハーバーである。ロックの手前、東にはベイスン（船だまり）がある。

②市街地の東部、エイボン川の上流側、ニーサムにロックと低い堰が存在。ロック以西は人工運河フィーダー・キャナルでフローティング・ハーバーに、市街中心部のテンプル・ミーズ駅近辺で連結されている。

③この間、エイボン川は、上流部ニーサムの堰を通り、テンプル・ミーズ駅近辺まで以前からの流路のままであるが、同駅近辺から下流部ロックの先までは人工の流路ニ

ユーカットに流れが付け替えられ、フローティング・ハーバーと並行に流れている。
④フロム川からの水は、従前どおりセント・オーガスティンズ・リーチを通りフローティング・ハーバーの中に入っている。したがって、フローティング・ハーバーの水は、エイボン川のフィーダー・キャナルを通してのものと、フロム川からのものである。
⑤下流部からの潮汐流は、フローティング・ハーバーには入らずに、

ローナムのロックとカンバーランド・ベイスン, 1929年（ロックの説明板 ‘Visit Bristol’ を筆者撮影）

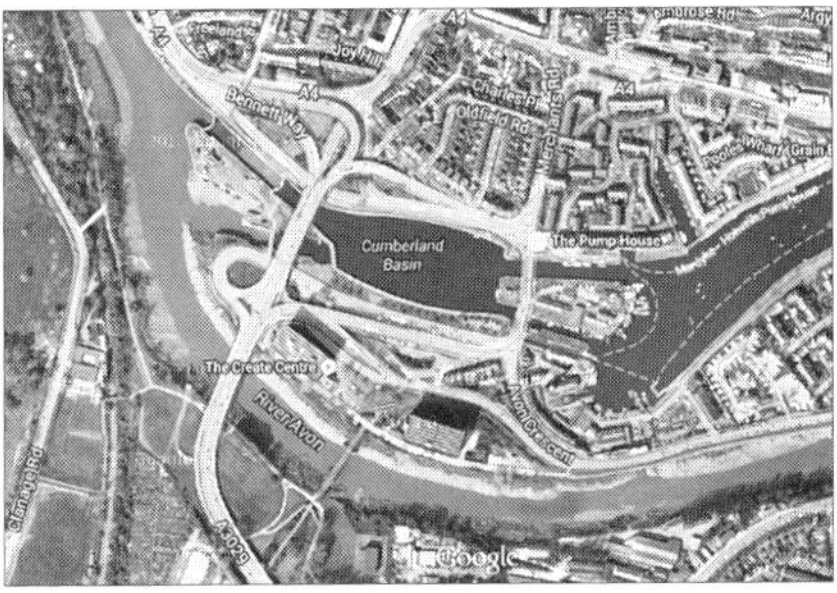

ローナムのロックとカンバーランド・ベイスン, 現在（Google Earth）

ローナムのロック（筆者撮影）

ニューカットですべて受けている。潮汐は上流部ニーサムの堰以上には届かず、したがってニーサムからフローティング・ハーバーに潮汐が入ることもない。
⑥フローティング・ハーバーの水は、出口のロックとダムの部分からエイボン川に放出されるものと、途中のアンダー・フォール装置を経てニューカット側に出しているものがある。なお、市街中心部のバサースト・ベイスンのロッ

カンバーランド・ベイスン（筆者撮影）

ニーサムのロックと堰，現在（Google Earth）

ニーサムのロックからフィーダー・キャナル方面を望む（筆者撮影）

フィーダー・キャナル（筆者撮影）

ニーサムの堰，左岸より遠望（筆者撮影）

ニーサムの堰，右岸より近接（筆者撮影）

クでフローティング・ハーバーとニューカットがつながっていた。さらに、テンプル・ミーズ近辺のところのロックで両者がつながっていた。両ロックは、現在はすでに閉鎖されている。

2　潮汐差を克服するための提案

1　建設の必要性

ブリストルの港は、エイボン川を海から約一〇キロメートルさかのぼったブリストルのまちの中心に位置している。その間、川は曲がりくねり、潮汐差の大きなところである。フローティング・ハーバーの入り口の潮汐差は、通常で九メートルである。春季にはさらに大きくなる。これは、イギリスの港で最も大きな潮汐差であり、世界でも有数である。

この潮汐差が大きな欠点であるといわれてきた。しかし、エイボン川のこの潮汐の自然こそが、ブリストルの港がかつて他に比べ有利であり繁盛した大きな理由でもある。

潮汐こそが、もともと自然形状的には比較的小さい河川を、長さ一〇〇メートルにもなるグレート・ブリテン号のような大きな船を浮かべることのできるいわば海峡状の川に変えたのである。帆船の時代には、上ってくる潮汐は、船を内陸の最も奥の、ブリストル橋の架けられている便利な地点にまで押し上げる力を提供したのである。また、毎日の大きな潮汐は、川を洗ってくれ、港や川が泥で埋まるのを防いでくれた。

一方で、潮汐は、港にとっての厄介な問題のもとでもあった。船が川に入ってきたり出ていったりすることができたのは、潮汐の具合が良い時のみという時間制限であった。また、岸壁では、船が上下するため、荷の積み下ろしにおける問題があった。通常、ある程度低い潮のときには、船は底の泥の中にうまく納まっていることもあったが、水が引いたときに斜めの危険な角度になって転倒するというリス

干潮時のエイボン川，ロック付近（筆者撮影）

満潮時のエイボン川，ロック付近（筆者撮影）

表９　ブリストル港（エイボン川河口港）の潮汐による水位変化の例

2014 年	時　刻	水位（m）	潮　汐
8 月 11 日	AM 02：44	0.99	干　潮
〃	AM 08：03	13.52	満　潮
〃	PM 03：05	0.84	干　潮
〃	PM 08：25	14.04	満　潮
8 月 12 日	AM 03：29	0.41	干　潮
〃	AM 08：48	13.97	満　潮
〃	PM 03：49	0.42	干　潮
〃	PM 09：10	14.35	満　潮
8 月 13 日	AM 04：12	0.19	干　潮
〃	AM 09：33	14.09	満　潮
〃	PM 04：31	0.34	干　潮
〃	PM 09：55	14.28	満　潮

（資料）Tide-Forecast HP ‘Avonmouth (Port of Bristol) Tide Table’ (http://www.tide-forecast.com/locations/Avonmouth-Port-of-Bristol-England/tides/latest) より抜粋作成.

クもあった。また、斜めになって荷物が動き痛んだり、荷物を移動するのが難しくなったりもした。もし、混雑時に火災が起こったら、何時間も動かすことのできない多くの木造の船に、あっという間に火が燃え広がってしまうという危険性もはらんでいた。このような、潮汐に関係する港の厄介な問題が、何らかの形のフローティング・ハーバーを建設すべしという必要性の議論につながっていったのである。

2　建設への前史

フローティング・ハーバーの創造は、潮汐と河川の複雑な水の動きを解析するという高度な技術などない時代に行われたものである。また、動力としては初期の蒸気機関だけしかない時代での大胆な構想であった。荷の積み下ろしのためのドックの建設は、当時はまだ比較的新しい考え方で、一般には理解が乏しく簡単に受け入れられるものでもなかった。エイボン川の初期の係船ドック（ウェットドック）は、河口に近いシーミルズのドック（一七一二年）、および、現在のフローティング・ハーバーの出口に近いローナムのチャンピオンズ・ドック（一七六三年）であった。しかしそれらは、市の中心から離れていたという主な理由で商業的にはうまくいっていなかった。

一七二〇年代までは、積荷一五〇トン以上の船がエイボン川に入るのは大変だったが、一七四〇年代に川が改修されて大きな船も入れるようになった。そこで、次の大きな議論の焦点が、港そのものの改良という課題になっていった。さまざまな提案があり、当時の指導的な土木技師たちが参加したにもかかわらず、なかなか名案は出てこなかった。

その頃すでに、ダムを造るというアイディアはだれもが考えていた。たとえば一つの案は、フロム川の付け替えでできたセント・オーガスティンズ・リーチにロック式ダム（閘門付きダム）を、エイボン川への合流点であるキャノンズ・マーシュに造るというものであった。これにより確かに、これまで港の中心であったブロードキーやナローキーは潮汐の変化から免れることができる。しかし、それ以外のエイボン川にある船着き場は依然として潮汐を免れえず、それはあまり良い案とはいえなかった。また、ローナムにチャンピオンズ・ドックを造った地元の企業家のウィリアム・チャンピオンは、自分のドックのすぐ下側にダムを造り、その入口にベイスン（船だまり）とロックを造るという提案をした。しかし、これはやはり下流からの高潮や上流からの洪水に対応することができず実現が難しかった。

一方、ダムをエイボン川のどこかに造り、フローティング・ハーバーにするという構想には、いくつかの明確な反対意見があった。一つは、チャンピオンの提案に対する反対意見と同じで、高潮および上流の二つの川からの洪水を免れえないというものである。その他の反対意見は、当時、フロム川やエイボン川の、何箇所かにあった水車の利害に関する問題であった。すなわち、水車より先の水面が満潮時の高さに保たれるとなれば、水車が機能しなくなるということからの反対であった。また、港の中の造船所などドライドックのオーナーからも不満の意見が寄せられた。さらに反対の意見は、泥や下水の堆積による危険性の問題や、流れの停滞した港における結氷の危険性の指摘であった。

既にドックを完成稼働しているリバプール（一七一五年ドック建造）に貨物量で水をあけられつつあるなか、ブリストルの港をなんとかしなければという憂慮は続いた。しかし、このような各種の反対意見の出てくる中では、何もしないという選択をとるのが無難だったといえる。事実、一七九〇年近くになるまでは、何のアクションもとられなかったのである。

さて、今日からみれば一つの疑問は、なぜ当時の議論が港の改良にのみ焦点がいって、現在、港湾機能が移転している河口での新港建設の議論をしなかったのかということである。それには二つの理由があった。

一つの理由は、その当時、鉄道が来る前は、川が、物資を長い距離運ぶための最良の輸送路だったことにある。当時でも、底の深い大きな船は、河口に近い、河口から三キロメートルほどのハングロードという場所の水深のあるところに停泊し、そこからバージ船でブリストルに運ばれていた。しかしそのようなやり方は、当時多かった盗難や、積み替え時のコソ泥、また、物によっては積み替えによる商品価値の低下など、各種の危険性があり商人たちの嫌うところであった。

もう一つの理由は、商人たちあるいは商売関係者たちにとって、港を移転するなどという話は論外ということであった。彼らの商売が、港の特定の場所そのものに深く依存していたからである。商売の社会的なネットワーク、つまり仕事のつながりが、岸壁を中心に形成されており、港の位置が移るなどということは、それを脅かすことになるわけで議論としてありえなかったのである。ブロードキーから二キロメートルも離れていない一七六二年に開設されたローナムのチャンピオンズ・ドックですら、中心部から遠すぎるということで商売的にはうまくいかなかったとみなされていた時代である。

3　設計から建設までの経緯と費用

1　創造と設計

ブリストルの港の改良についてイニシアティブをとっていたのは、一三世紀に設立されたブリストルの商人ギルドであるマーチャント・ベンチャー協会である。協会は、一八世紀後半における港改良の無為無策を避けるため、経験の深い土木技術者をブリストルに呼んだ。その一人が一七八六年に指名されたウィリアム・ジェソップ（一七四五〜一八一四年）である。ジェソップは、その頃一七八〇年代にアイルランド・ダブリンのグランド運河を建設指揮していた技術者である。なお、ジェソップは、イングランドの運河建設の経験も深く、ロンドンとミッドランドをつなぐグランド・ジャンクション運河やロンドンのドックの建設など、多くの運河や港湾の建設に携わることになる人物である。一八〇四年からブリストルのフローティング・ハーバー建設のコンサルタントを本格的に務めることになる。

さて、当初、ブリストルに来た彼の提案は、二〇年前に前述のウィリアム・チャンピオンが提案したものとほぼ似たフローティング・ハーバー入口におけるベイスンの必要性であった。ベイスンは、潮汐のあるエイボン川への出入口のロックとつながり、満潮時に船が一斉に出入りできる船だまりの役目を果たすほか、上流からの洪水の調節にも役に立つものである。

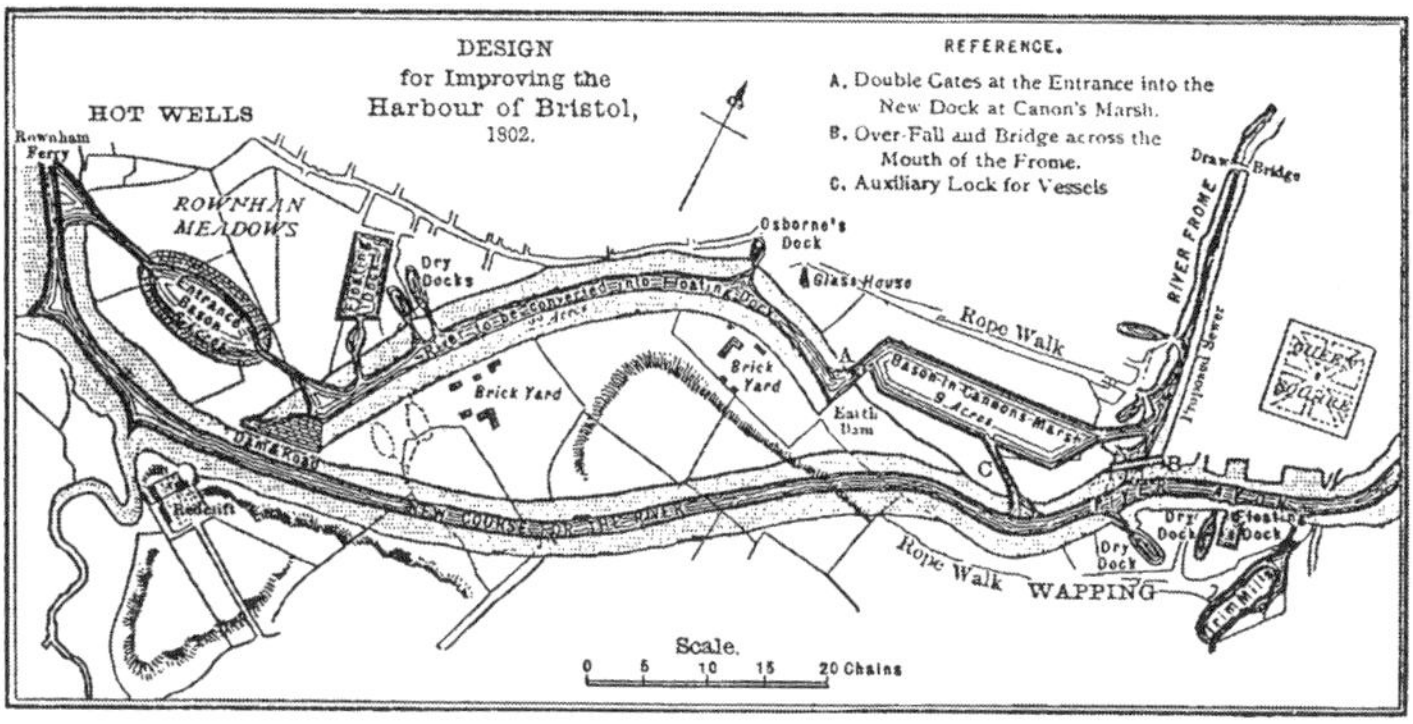

ニューカットを取り入れたジェッソップの最終案の一つ（J. Nicholls & J. Taylor, *Bristol Past and Present,* Vol.III, J. W. Arrowsmith, 1882）

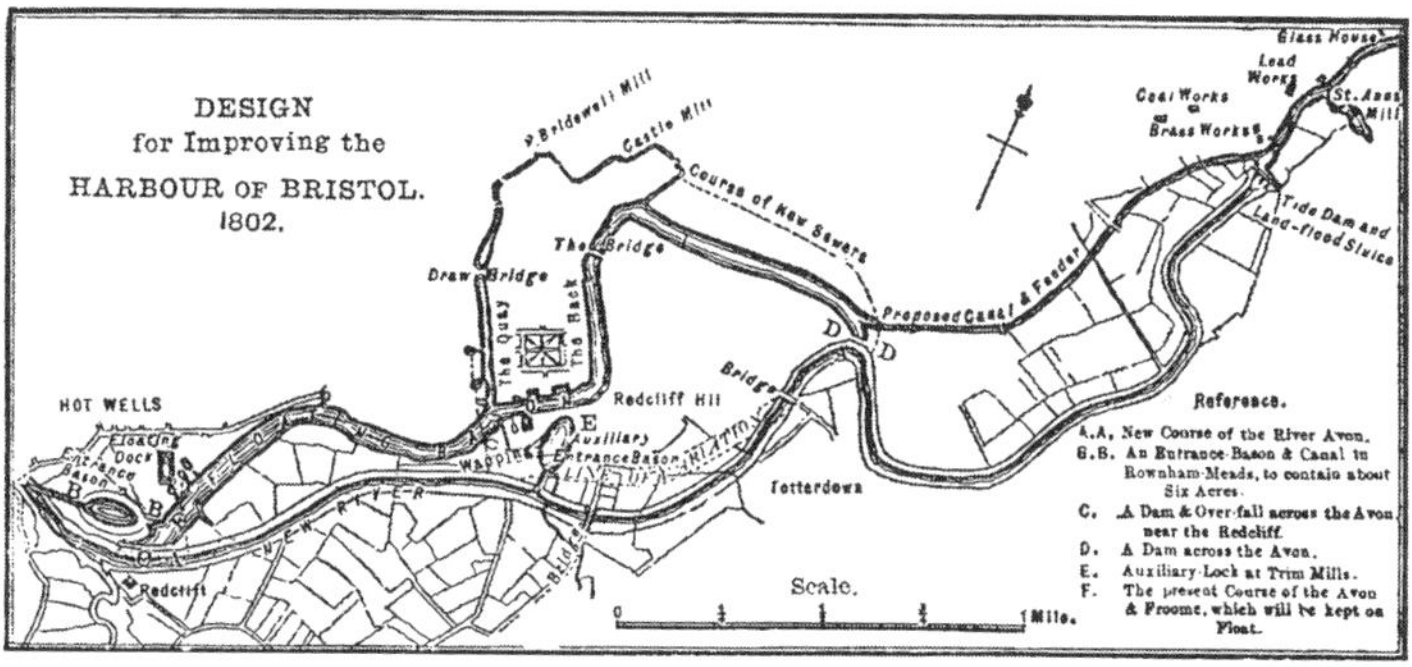

ニューカットを取り入れたジェッソップの最終案の改定版（J. Nicholls & J. Taylor, *Bristol Past and Present,* Vol.III, J. W. Arrowsmith, 1882）

一方、一七九一年になって地元のアマチュア技師であった、エイボン川沿いのパリッシュ教会の牧師ウィリアム・ミルトンが、エイボン川の新しい経路と、港に新鮮な水を供給する支線の運河のアイディアを出してきた。結果的にこれが、フローティング・ハーバーの原型となっていく。エイボン川の新しい経路は、ニューカットとよばれる新流路となって後に実現し、支線の運河は、フローティング・ハーバー最奥部からエイボン川上流部に

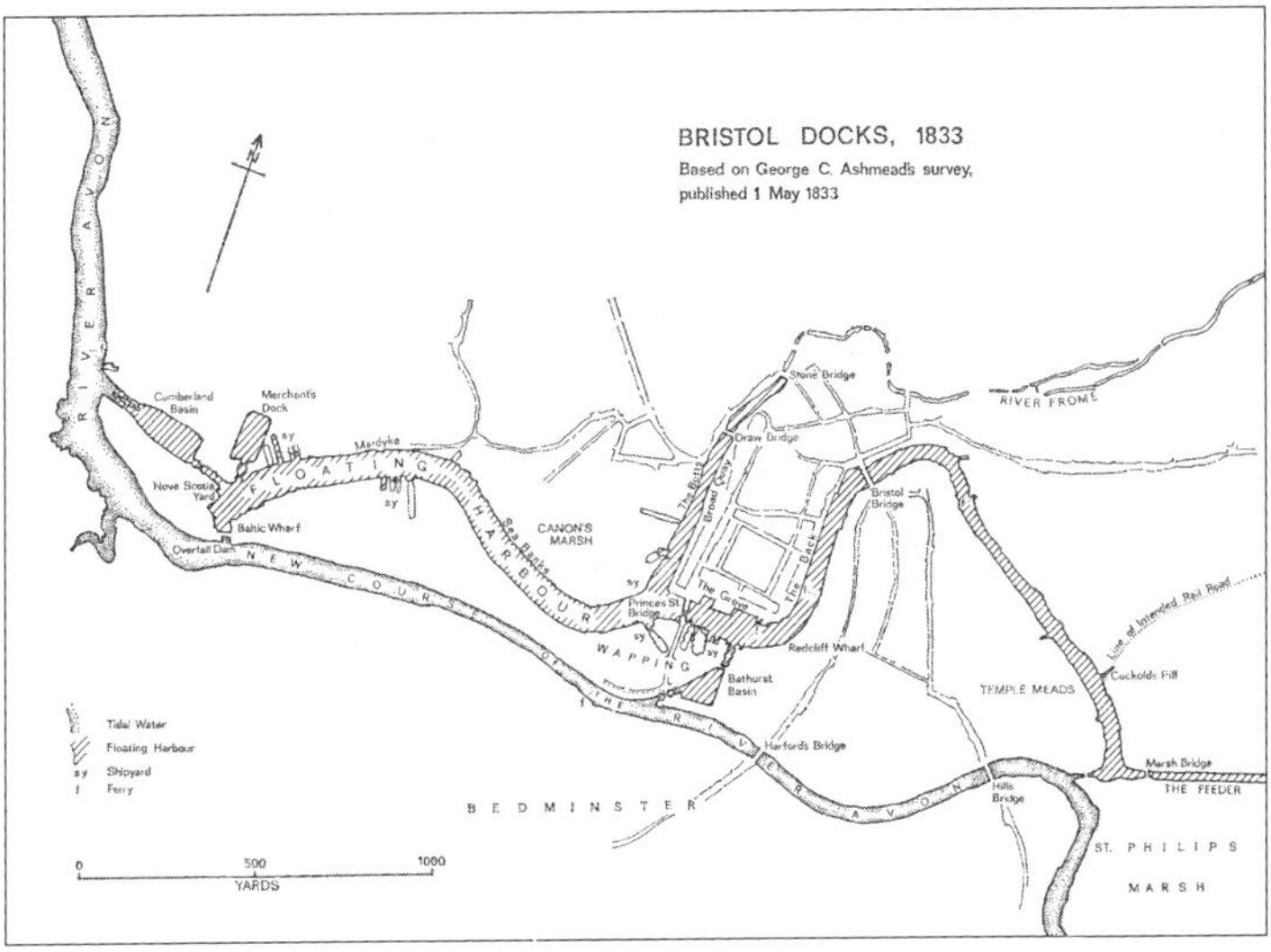

ジェソップの最終案（改定案）通りに完成したフローティング・ハーバー（A. Buchanan, et. al., *Industrial Archaeology of the Bristol Region,* David & Charles, 1969）

つながるフィーダー・キャナルとなって実現していくのである。

フローティング・ハーバーの出入り口としてのロックのダムをどこに造るかが大きな議論となったが、結局、干潮のときにも船がアプローチできるように、ダムはできるだけ川下に造るのがよいとされた。それは、船が、いくつかあった既存の岸壁に効率よく着けるように、ダムの場所を考えたためというのが、実のところである。ただ、この場合の一方での問題は、川下に造ることによって、フローティング・ハーバーの中では無くなってしまう、潮汐による船の推進力を得る方法の必要性を解決することであった。

ウィリアム・ミルトンのアイディアは、大規模な工事を必要とし、その多額な工事資金に難点があり、実現には時間がかかるものであった。ジェソップはその後、ロンドンのウェスト・インディア・ドックの建設（一八〇〇〜〇二年）の中心人物として働くが、一八〇二年にフローティング・ハーバーの計画最終案をブリストルに出している。

その計画書には、出入口部のカンバーランド・ベイスンに加え、新流路のニューカット、上流部運河のフィーダー・キャナルが示され、さらには、ニューカットからフローティング・ハーバーの中心部分に直接つながるバサースト・ベイスンが提案されている。バサースト・ベイスンは、フローティング・ハーバーの一つの欠点とみなされていた、潮汐流を利用した船の推進という課題を一部解決に導くものであった。すなわち、エイボン川からフローティング・ハーバーに直接入らずに、ニューカット部分に潮汐を利用して進み、途中からフローティング・ハーバーの中央部に入るための、ロックとベイスンである。

2　工事費ほか

フローティング・ハーバーは当初のウィリアム・ミルトンのアイディアに対しては、大規模な工事と多額な資金を要するため、躊躇していたのであった。しかし、結局、時間がかかったもののジェソップの最終案で進むことになる。工事費については、前掲二〇〇年史によれば、結局次のようになっている。

一八〇二年の最終的なジェソップの計画案での推計コストは、土地代（ニューカット、ベイスン、フィーダー・キャナルの所要土地代）抜きで、二一万二〇〇〇ポンドであった。ジェソップが、一八七九年に最初に示した案は、七万四〇〇〇ポンド。また、ウィリアム・ミルトンの一七九一年のアイディアの推計コストが一五万九〇〇〇ポンドであったことからすると、工事の内容・規模が増え、金額がかなり大きくなっていった。それは結局、ドック会社への出資金二五万ポンドと借入金五万ポンドの計三〇万ポンドで賄われる形で工事がスタートすることになる。なお、工事費は、その後、六〇万ポンドと予定の二倍近くにさらに増加した。

また、工事内容については、ジェソップの計画のほとんどの部分が、ウィリアム・ミルトンのアイディアそのものであった。ミルトンはアマチュアであったため、その名前は無視され、基本的にフローテ

バサースト・ベイスン，現在（ニューカット側とは ↗ 部で断絶されている．Google Earth）

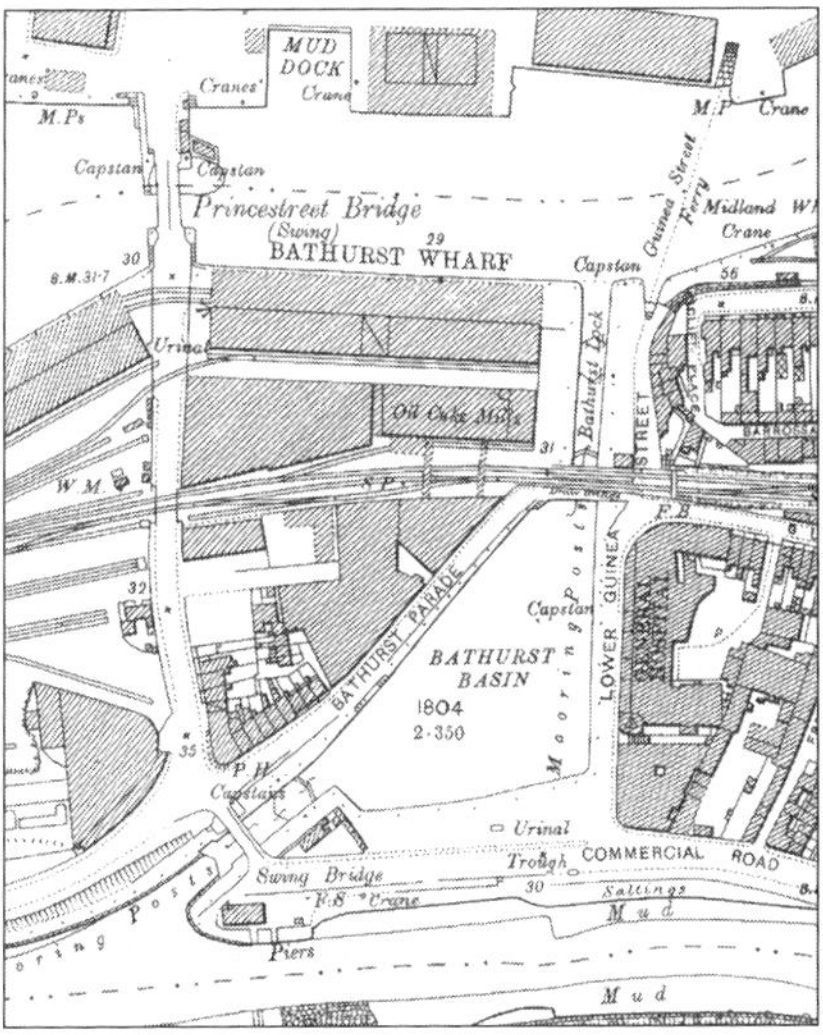

バサースト・ベイスン，1902年地図 （ニューカット側とロックで接続している．Old Ordnance Survey Maps, Bristol, 1902）

プレジャーボートが係留されている現在のバサースト・ベイスン（筆者撮影）

ニューカットの流れ，バサースト・ベイスン旧入口の東，ベドミンスター近辺（筆者撮影）

ィング・ハーバーはジェソップの功績とされてきた、とのことである。ミルトンには、当時、ドック会社から、一枚の表彰プレートが渡されただけであったという。なお、「後年のミルトンの伝記の執筆者は、彼こそが問題のブレークスルーをなし遂げた人物であり、時代のもっとも偉大な港湾技術者で、高潔な人物であったと讃えている」と二○○年史には記されている。

ロックのダムの位置については、できるだけ下流のほうが、既存の岸壁の便宜のためによいとされたが、当初はまだ、あくまで既存の岸壁の状況から考えたことである。実は、これにより、結果的に世界でも珍しい広大なフローティング・ハーバーとなり、その後のブリストルの港の発展につながっていくのであるが、その当時の企画段階では、後世の潜在的な発展可能性については見通されていなかった。

フローティング・ハーバーの独特の装置の一つである、バサースト・ベイスンは、もともとその地にあった水車用の池、トゥリーン・ミル・ポンドを利用したものである。フローティング・ハーバーと、新流路ニューカットの間にあったその池を改修して、両者を結んだものである。ニューカットは川幅が狭いため、このルートでフローティング・ハーバーに出入りする船は必然的に小型船に限られた。その後、時代が下り、蒸気船など動力をもつ船が一般的になってからは、その役割は消滅していく。なお、第二次大戦中に爆弾によるフローティング・ハーバーのバサースト・ベイスンからの決壊を防ぐために、ロックはコンクリートで固められ、現在はそのままニューカット側と遮断されたままになっておりベイスンにはプレジャーボートが並んでいる。

4　一五〇年を生き続けた機能と建設後の課題

1　いくつかの特徴

フローティング・ハーバーの建設には、巨額の費用が予想されたにもかかわらず、その建設は意欲的に進められた。たいへんにユニークな事業で、それまで数十年間も議論されてきたさまざまな課題に対する効果的で高度な解決法になったわけである。結局、その工事を果敢に進めたことによって、その後一五〇年におよぶ長い間、シティドックとして商業的に経営が可能になったのである。その間、荷物や荷物取扱の技術の変化と並んで、船のデザインや推進動力の技術に、大きな変化があったにもかかわらず、対応できたのである。

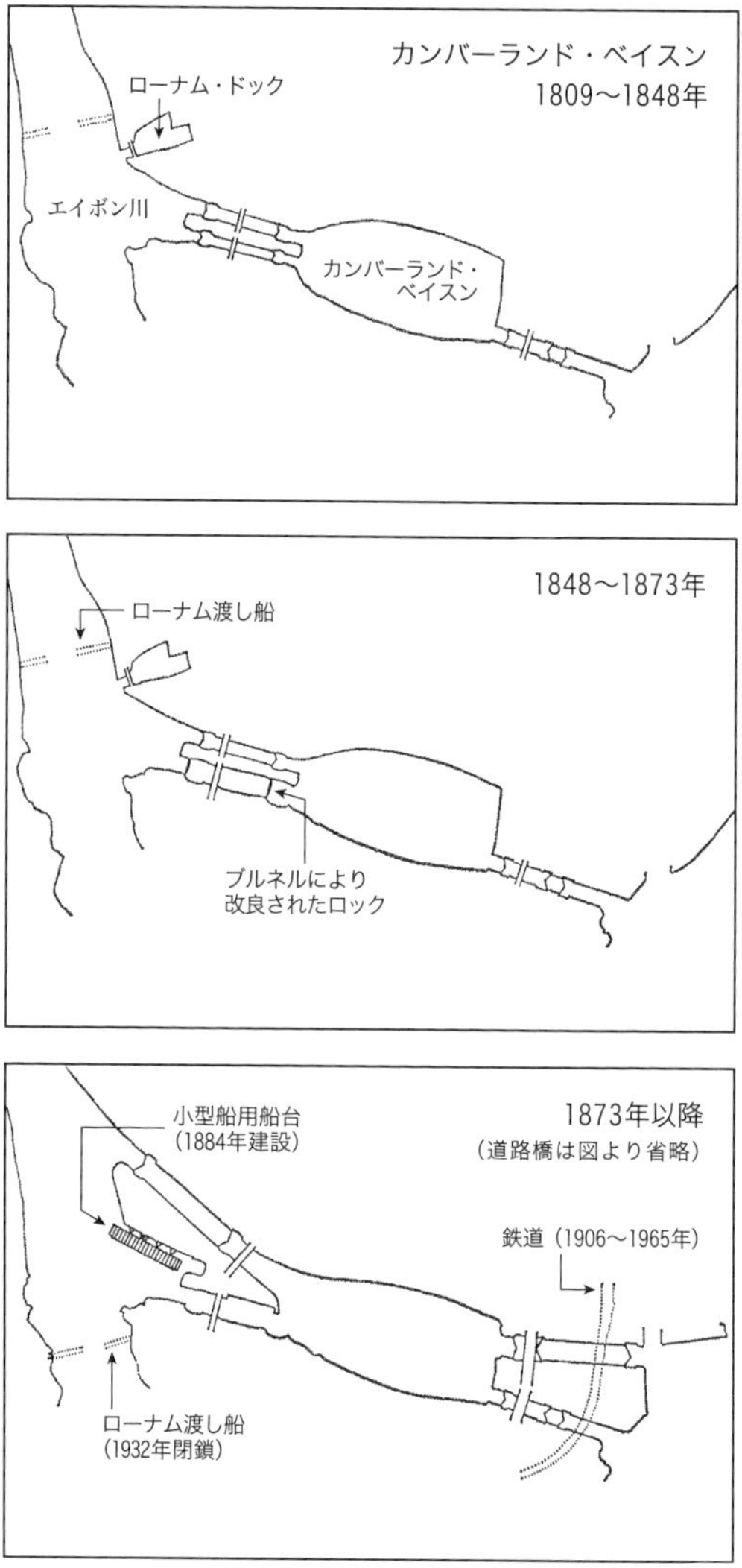

入口のロック部分の拡張（上より，1809〜48年，1848〜73年，1873年以降の変遷図．A. Buchanan, et. al., *Industrial Archaeology of the Bristol Region,* David & Charles, 1969 に加筆）

たとえば、建設後五〇年の間に船は木造帆船から鋼鉄蒸気船へと大きく変わっていったが、その間、それに応じて変更したのは、入口のロック部分の拡張だけであった。他は特に変更することもなく、フローティング・ハーバーの基本的な形はそのままで機能し続け、現在に至っているのである。

フローティング・ハーバーを、当時造られていた他都市のドックと比べると、次のような大きな特徴があった。

フローティング・ハーバー内に現在も残る造船用ドック（筆者撮影）

第一の特徴は、三三ヘクタールという囲まれた水域であり、これはその当時造られたリバプールやロンドンのドックよりもはるかに大きなものであった。

第二の特徴は、細く長い形であり、それが荷物の積み下ろしにとって、好都合だったことである。その後、船が大きくなってきたためにいっそう好都合であった。一般的に、初期に造られたドックは幅の広い四角形になることが多かった。というのは、多くの場合、それらドックが以前のベイスンを引き継いだものであり、荷物の取り扱いをするというよりは、船を並べるという形であったためである。四角形は、稼働中でない船を並べておくには理想的であったが、荷の積み下ろしには、むしろ岸壁スペースの長さが要求されるようになっていったのである。そこで、後年のドックのデザインは長くて細い形が好まれるようになっていった。フローティング・ハーバーはそれを先取りした形のものだったのである。

第三の特徴は、フローティング・ハーバーが、既存の岸壁を活性化させた点である。それまであった岸壁の新しい

レッドクリフ・バックの旧工場や倉庫の建物，現在はリノベーションしオフィス等に利用（筆者撮影）

利用者も増え、そこにオフィスや倉庫、商売のつながりを持っていた商人たちにはっきりとした利益をもたらしたのである。

当時の他のドックと比べ、フローティング・ハーバーは、まったく考え方が異なるものであった。一般のドックは、ロンドンやリバプールなどのように、川や海岸のそばの土地を大きく掘って造られるか、海の一部を囲って埋め立てて造られている。しかし、フローティング・ハーバーの場合は逆であり、港は掘って造られたのではなく、川をダムによって堰きとめて造られたのである。掘削工事はあったが、それは港自体の掘削ではなく、川の新しいルートであるニューカットの掘削であった。これには、建設中における港の機能の中断を最小限にするという有利な点もあった。

フローティング・ハーバーは、ロンドン等にみられた囲い込み形のドックとも異なっていた。囲い込みドックと違い、後ろを高い壁で閉じられていないため、岸壁はオープンで容易にアクセスできる。したがって、フローティング・ハーバーは、船の荷物の積み下ろしのほかに、多様な産業活動がウォーターフロントでできるという意味で、単なる港湾以上のものであった。すなわち、たとえば、造船は一九七〇年代までまさに続いていたし、また、さまざまな加工・製造工場もあった。たとえば、キャノンズ・マーシュの石炭ガス工場、レッドクリフ・バックの製粉工場、テンプル・バックにあった大きな砂糖精製工場などである。これらの工場は、物の出し入れのために水面を使うと同時に、それぞれの生産活動をハーバーサイドの敷地などで行ったわけである。

このように、フローティング・ハーバーは、結果的ではあるが、ロックのダムを最適と考えられる場所に建設したことにより、広大な水空間を活性化させたわけで、ロンドンやリバプールに新しく掘り造られたドックとは基本的に異なるものであったといえる。

2　建設後の諸課題と解決

フローティング・ハーバーで、計画当初から指摘されていたが、ジェソップが楽観視してきた問題点の一つは、汚物による水の汚染であった。一九世紀のイギリスでは、都市の急速な拡大とともに下水や汚物の問題に直面している。ブリストルでは、ずっと汚物を川に流しており、フローティング・ハーバーができるまでは潮汐がそれを洗い流してくれていた。しかし、潮汐の影響がなくなったフローティング・ハーバーでは、人口が増えてきたのと相まって、すぐに水は汚れ臭気が漂うようになってきてしまった。特に夏場は大変であった。

多くの抗議もあり、善後策を講じたのは完成後二〇年ほど経ってからである。対策は簡単で、市街の汚物が集められたフロム川の出口部分から下水管を敷設し、ニューカット側に持っていって流すというものであり、一八二八年に工事が終わっている。ニューカットの流路は潮汐で毎日洗い流され、またハーバー側よりは影響面積が狭く相対的に住民も少なかったからである。これにより、ハーバー沿いの住民や勤労者の不満は和らいだが、もちろん、後に都市下水道が完備するまでは、完全に解決するというものではなかった。

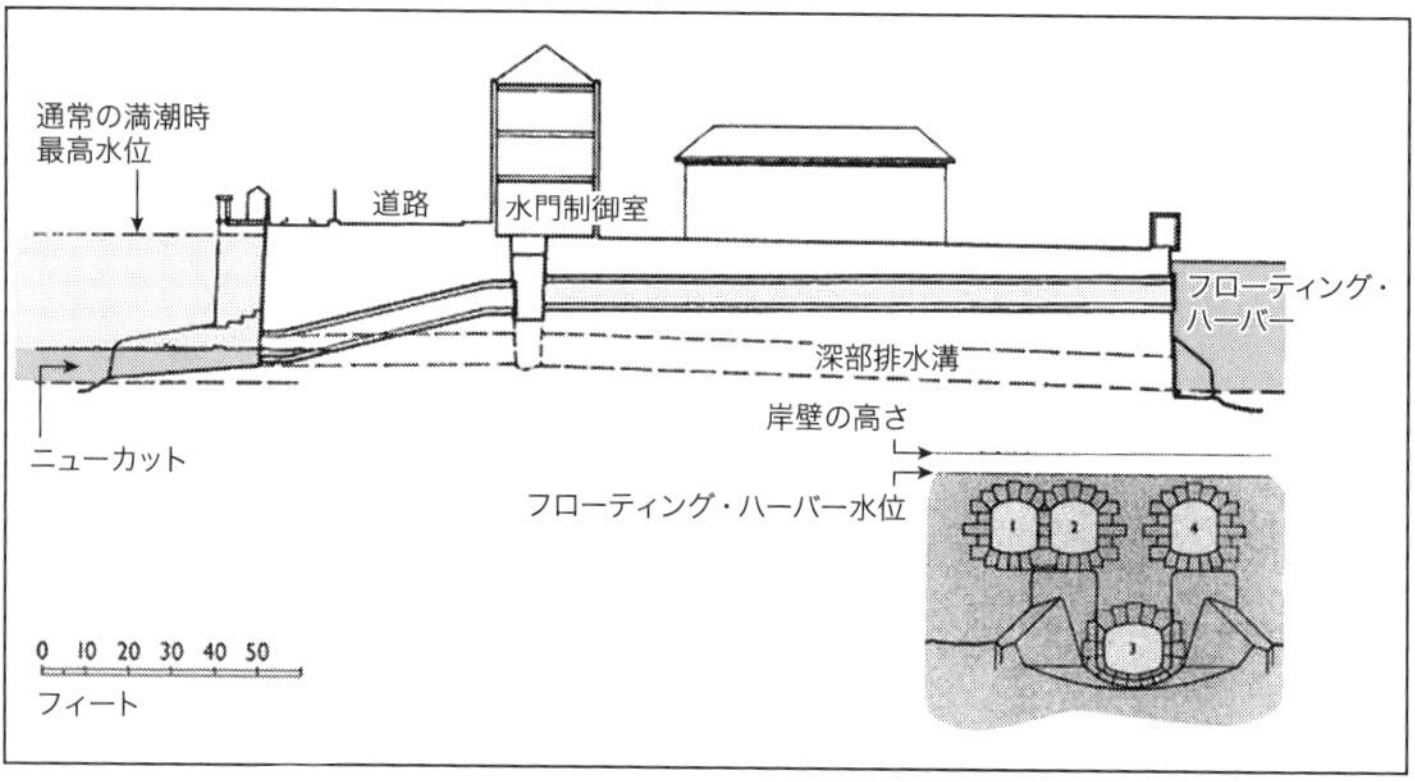

水位調節とともに泥の排出機能を持つアンダー・フォールの構造．深い排水溝から泥をニューカット側に排出．現在も機能（The Southville Community Development Association, *A Celebration of the Avon New Cut,* Fiducia Press, 2006）

ロック出口（ニューカットとの分岐点）の片方に造られているダム．泥を下部から排出する構造になっている（筆者撮影）

もう一つの、大きな問題は、泥の堆積である。エイボン川によって運ばれてくる大量の泥の堆積は古来よりの港の難題で、干潮の時に人力で処理したりしていたものである。従来は、潮汐がそれを運んでいってくれたが、フローティング・ハーバーでは、堆積する一方であった。それを除去する機械的な機能をもつ蒸気船なども考案されたが、なかなか簡単ではなかった。

この解決に尽力したのがイサムバード・ブルネル（一八〇六〜五九年）である。ブルネルは、既述の通り、エイボン川にかかる当時世界最長のクリフトン吊橋の設計競技で勝って以来、ブリストルでは確固たる地位を築いていた若い技術者である（二四頁参照）。いくつかの提案が出され実行されたが、その一つがアンダー・フォールのアイディアである。フローティング・ハーバーの溢れた水を、上部から流し出すのではなく、泥の多い下部から流し出すというやり方である。これは、シンプルかつ持続可能な方法で、当時の卓越した技術的アイディアであった。今日に至ってもそれは機能している。なお、ブルネルはジェソップとは世代が違い、フローティング・ハーバー建造時の設計には関与していないが、アンダー・フォールのほか、入口部分のロックの改良にも貢献している。それぞれ規模は小さいながらも、フローティング・ハーバーのその後の物理的な維持に大きく貢献しており、その歴史において重要な人物である。

5　不利を有利に転じたその役割と港湾経営

1　果たした役割

一八世紀後半、ブリストルの港はリバプールにイギリス第二の座を奪われ、さらに差をつけられていった。フローティング・ハーバーは、その地位を奪還しあるいは追いつくために、急いで対応を考え建設されたとも見られている。しかし、議論の始まった年代をみると、実はそうではなくて、座を奪われるずっと以前から考えていたことなのである。一七五〇年代までは、ブリストルの港はロンドンについで繁栄していた。当時、港は船で混雑を極め、危険性もあり、それへの対処が考えられていたのである。したがって、フローティング・ハーバーは、窮乏化の中で考案されたというよりも、繁栄の中で考案されたのである。そして、それはまた、ブリストルの港の繁栄があったからこそ、資金も集まり着工されていくのである。

しかし、途中の優柔不断や反対意見等で計画や建設がずいぶんと先になり、結局は建設費が相当に増大することになる。その結果、イギリスの中で最も料金の高い港となり、貿易船が他都市の港に流れてしまった。大西洋船は特にそうで、リバプールほかに大きく流れていってしまったのは、まさにその通りである。

ただし、大事なことは、ブリストル港が衰退したのではないということである。すなわち、順位が低下し差をつけられる中、取扱いの絶対量では伸び、またその後も伸びていったという事実である。ブリストル港の歴史で大いに注目すべき点は、フローティング・ハーバーの建設で生き延びたという点である。ブリストルの港は、川の奥に位置し、潮汐差もイギリス最大という不利な条件で、もともと近代の港として成功する場所でなかったことは明らかである。その不利な条件を有利に転じ、また克服しつつ、ブリストルを支えたのである。それを考えれば、フローティング・ハーバーの果たした役割はとても大きかったと考えざるを得ない。

振り返ってみれば、一八世紀、ブリストルがフローティング・ハーバー化の議論をし、一方で建設を躊躇していた間、リバプールはもともと一七一五年に世界で最初の商業用のドックを完成、保持していたうえ、さらに一七八八年と九六年に次々と新しいドックを開設している。また、東海岸キングストン・アポン・ハルの大型ドックは一七七八年の開設で、ロンドンのウェスト・インディア・ドックは一八〇二年の開設である。港湾間競争の激しくなる中、ブリストルが大きく遅れをとったのは事実であり、その遅れの中で、フローティング・ハーバーの完成により、不利な条件ながらも追随していったのもまた事実である。

さて、この遅れをとったフローティング・ハーバーの建設時期との関連で、確認しておきたいことが一つある。それは、ブリストルの奴隷貿易との関係である。年代で明らかなように、完成したのは奴隷貿易が廃止された直後である。したがって、フローティング・ハーバーへの投下資本としては、同貿易により蓄積した富が大いに関係あったと考えるべきであろうが、フローティング・ハーバー自体は、奴隷貿易に一切加担していないのである。この点は、リバプールのドック建設が同貿易を大々的に促進したのに対し、まったく様相が異なる。いいかえれば、ブリストルが建設を躊躇していたことが、結果的にブリストルにとって、実は重大な意味をもっていたと考えることができよう。

2 港湾の経営

フローティング・ハーバーのような大きなインフラ施設は、多額の投資を必要とする。初期投資だけでなく、長い期間にわたる維持更新や事業展開の投資が必要である。それゆえ、資金の調達はもちろん、借入金返済のためにも、施設側は十分な収入を上げることが必要である。船の所有者の要求に応えて、港をいかに最新設備として維持していくかどうかは、それが半ば公共的な施設であることから、高度な政治的判断を要する事項でもある。

フローティング・ハーバーの経営は、そのスタート時点から行政そのものではなく、マーチャント・ベンチャー協会を含めた官民共同企業体としてであった。すなわち、プロジェクトを経営し借入金返済の収入を得ていくために特別に創設されたポートオーソリティであるドック会社、ブリストル・ドック・カンパニーが経営の責任主体であった。ドック会社は、後の一八四八年に結局、市が買い取ることになって、以降ずっと市が責任を持って経営している。

こういう公共的事業には、事業者や市民から常に多くの批判がつきまとうものである。あくまで事業であり、いわゆるステークホルダー、利害関係者が多く、また常に他との競争環境の中にさらされており、スピードをもって逐次、正鵠を得た決定をしていく必要があるのである。この辺に、民間事業ではなく、また、単なる公共事業でもない、経営の難しさがある。ブリストル市は、このドックを経営することによって、市自体の高度な経営能力を培《つちか》っていったとも考えられる。

さて具体的には、たとえば港湾インフラを維持発展させるためには、ロックの改良や拡大、港湾能力の拡大のための岸壁の増設、埠頭倉庫や動力クレーンの建設等々、多くの追加投資が必要である。これらの多くは、ドック会社の責任であり、インフラ整備を積極的に展開するためにドック会社は収入を上げる必要がある。収入の主な源泉は、港を使う船主や事業者からとる使用料金である。いうまでもなく、船を港に引きつける魅力を出すためには、インフラが最新で、料金が他より競争的に安い必要がある。

ここで、重要なのは、港はそれ自体が利用者の目的物ではなく、要するに、港というものは単に荷物を移動するための出入り口、ゲートウェイであるということである。船側は、荷物を移動するのに、どのゲートウェイを使うかの選択が自由にできる。つまり、客は気ままに経済性によって動くということである。この点、フローティング・ハーバーのドック会社は、建設時からの借入金負担が重く、高い料金設定の中でポートセールスをし、かつ維持更新投資をする中で客を集めるという相当に難しい経営をし続けてきたのである。

一九世紀は技術革新の時代である。船の能力や規模、さらに貨物の内容や形体も大きく変わっていった。しかし、港は変化の激しい船に比べ、あくまで固定的なインフラである。船の規模拡大、推進動力の変化、積荷の変化、その扱い方法の変化等々といった技術革新に対し、港側ではほとんど、あるいはわずかしかその技術革新自体への関与やコントロールはできない。しかし、その技術革新に対処しなければならないという苦しい性格を持っている。

現在一部が残っている電動クレーン（筆者撮影）

技術と経済は、関連しあって複雑な形で働くのが常である。たとえば、ブリストルは、一八三〇年代から四〇年代はじめにかけ、蒸気船設計と建造については最先端の地であった。ブルネルの設計したグレート・ウェスタン号（一八三七年）やグレート・ブリテン号（一八四五年）は、建造当時、世界一大きな船であった。しかしその当時、その横で、小さな木造の帆船がブリストルに荷物を運んできていた。技術革新の受け入れられる割合は、経済によって決まる部分があるのである。その場合、古くても既存の技術を使った方に利があれば、それが残ることになるわけである。蒸気船は、初期には、短距離のル

港の入口に残る旧保税倉庫群．現在は他用途に転換（筆者撮影）

ートでは成功したが、長距離では帆船の方が有利であった。しかし、一八六〇年代後半には蒸気機関の効率が上がり、長距離航行が経済的に可能になり、その時点で蒸気船が確実に支配的になったのであった。フローティング・ハーバーでは、蒸気船に対応し一八七〇年以降いくつかの積極的な設備投資が行われ、新しい産業時代に対応する近代的な港になっていった。このような、経済と技術の見定めと決定こそ、ポートオーソリティであるドック会社の重要な経営能力である。

貨物の内容は重要で、港の性格や形体に影響を与える。一般には、港の競争力は、特定の貨物を扱い貯蔵する専門化した設備を保有しているか否かにかかっている。ウェールズのカーディフ港など石炭専用港がその典型例である。しかし、ブリストルは、後背地に特定の工業地帯をもたないこともあり、常に混合貨物、それも輸入貨物が中心であった。ブリストル港は、比較的に汎用性があり、逐次、必要に応じて施設を整備していくという適応的なやり方で、砂糖、穀物、タバコ、木材など時代に応じて変わってきた貨物をうまく処理していったのである。港が長く広大で、対応する敷地も十分あったのが幸いであった。たとえば、二〇世紀はじめにタバコの輸入量が増えた折には、それに応じ、保税倉庫をカンバーランド・ベイスンの港の入口に建設するといった適応的方法で対応してきている。この柔軟性、随時の適応性が、他に比べ使用料が高かったにもかかわらず、ブリストル港の相対的ポジションを維持できた主因であったと考えられる。

6　役割の終焉と新港建設、そして再生への道

1　終焉と新港建設

近代港の立地としては明らかに不利な条件の中、フローティング・ハーバーは、ブリストルの港の生き残りという役割をこれまで果たしてきた。しかしながら、船のスケールが一九世紀末にはかなり大きくなり、一〇〇メートルを超えるに至っては、もはやフローティング・ハーバーの利用は不可能になった。曲がりくねったエイボン川に入れないという簡単な理由での制約である。

一九世紀末、これへの対応として、エイボン川の河口にダムを造り大型船を扱える巨大な港を造るという案と、河口に新しいドックを造るという案の、二つの間で議論が揺れた。工事費や技術問題などから、結局、後者に落ち着いた。河口のエイボンマウスには、一八七七年に小型のエイボンマウス・ドックが建設されていたが、それを拡張する形で一九〇八年に大型のロイヤル・エドワード・ドックが建設された。既に一八七七年には鉄道も敷かれており、完成後は、大型船はエイボンマウスのドック、中小型船はフローティング・ハーバーという形での機能分担となったのである。

ただ、当時はまだ、現代のような自動車時代ではなく、都心への重量荷物の搬送にはやはり船が有利であった。したがって、フローティング・ハーバーはその後も繁栄を続け、二〇世紀に入ってもしばらくはフローティング・ハーバーの方が貨物量は多かったのである。その後、モーターウェイなど道路整

備が進み、自動車輸送も増えたことから河口のドックが実質的に便利になり、結局、フローティング・ハーバーの貨物は減少していくことになる。

第二次大戦時に、ブリストルはドイツ軍の空襲により中心部が破壊されるが、フローティング・ハーバーも被害を受け、戦後の修復投資は多額に及んだ。と同時に、ポートオーソリティであるドック会社は、港の近代化を急ぎ、一九六〇年代まで大型電動クレーンなどフローティング・ハーバーの港湾施設の新規設備投資を続け、数年後における港の実質終了時点まででみると累積投資額はかなりの額に達していた。

一九六〇年代に、フローティング・ハーバーの貨物は急速に少なくなり、ポートオーソリティは、ついにこの港湾施設を持ちこたえる力を失い、一九六九年、市は商業船対応の役割を終了させる旨の意思表示である、港の航行権終了の提起をした。タウンミーティングが開かれ一〇〇〇人以上の市民が集まったが、その多くは閉鎖に反対する意見が多かった。結局、数年後の一九七五年まで終了宣言を出すことができなかったが、一九六〇年代後半から七〇年代にかけては、まったく別の、各都市の港湾を大きく揺るがすことになる要因が拡がっていた。すなわちコンテナ化の波である。

フローティング・ハーバーの物流機能は、一九七五年には砂浚渫運搬船を除いて完全に終焉した。一方、河口においてはその後一九七八年、エイボン川の南側、エイボンマウスの対岸に、新鋭のロイヤル・ポートベリー・ドックが建設される。これら一連のドックは、ブリストル市が所有し、ポートオーソリティが経営していたが、一九九一年に、一五〇年のリース契約で一〇〇パーセント民間のブリストル港湾会社（The Bristol Port Company）に経営権を譲渡し、以降同社が経営し現在に至っている。

ブリストル新港の特徴は、河口でブリストル海峡に面しているため水深がある。また、特にロイヤル・ポートベリー・ドックのロックは、長さ三〇〇メートル、水深一四・五メートル、特に入口のロック幅が四一メートルとイギリス最大であり、積載重量一三万トンまでのケープサイズ船、すなわちパナマックス船よりも大型で、これまではパナマ運河はもちろんスエズ運河も通れず喜望峰回りだった超大型船に対応できるようになっている。もちろんコンテナ対応である。なお、近年のブリストル港は自動車専用船の入出港が多い。イギリスの重要な港湾の一つである。

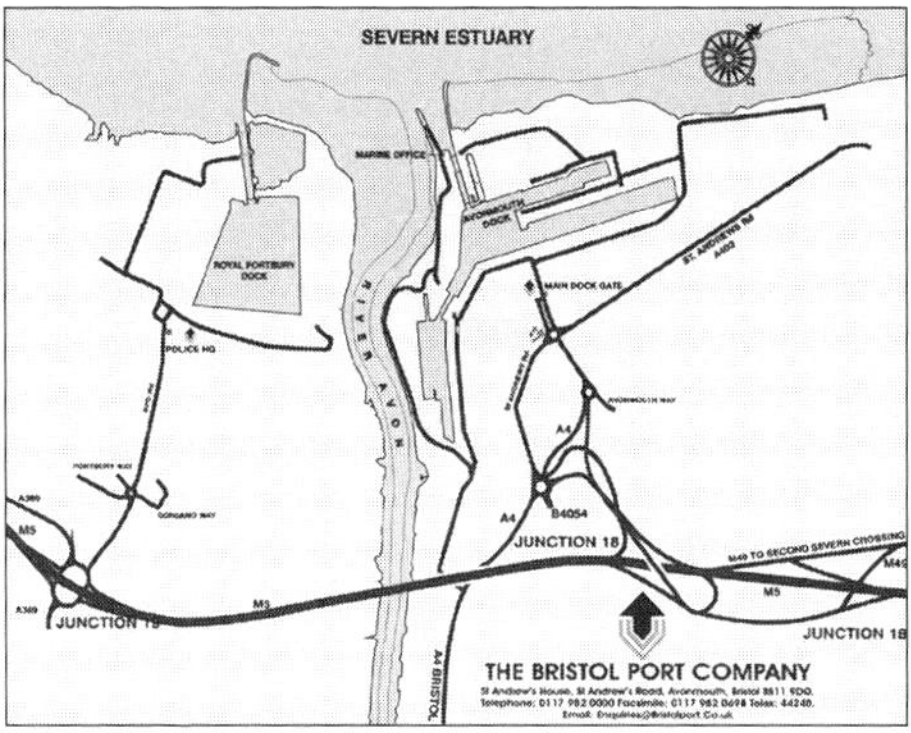

エイボン川河口新港および自動車道の全体図（The Bristol Port Company 資料）

2　再生への道

フローティング・ハーバーの業務機能が終了した結果、見捨てられた旧港湾地区には、朽ち果てた倉庫群や大小のドックが残されることとなる。

かつての富の蓄積の象徴でもあるテラスハウスが、丘の上に遠くまで立ち並ぶ背景を持ち、それが水面に映る港の美しさはイギリスの中でも抜群といえる。しかしながら、当時、この良質なアメニティを含んでの開発のポテンシャルに気づく人はまだ少数であった。

市は、一九七一年に時代の流れを受けて、道路計画を発表する。それは、半分近くの水面を埋め立ててしまうという大

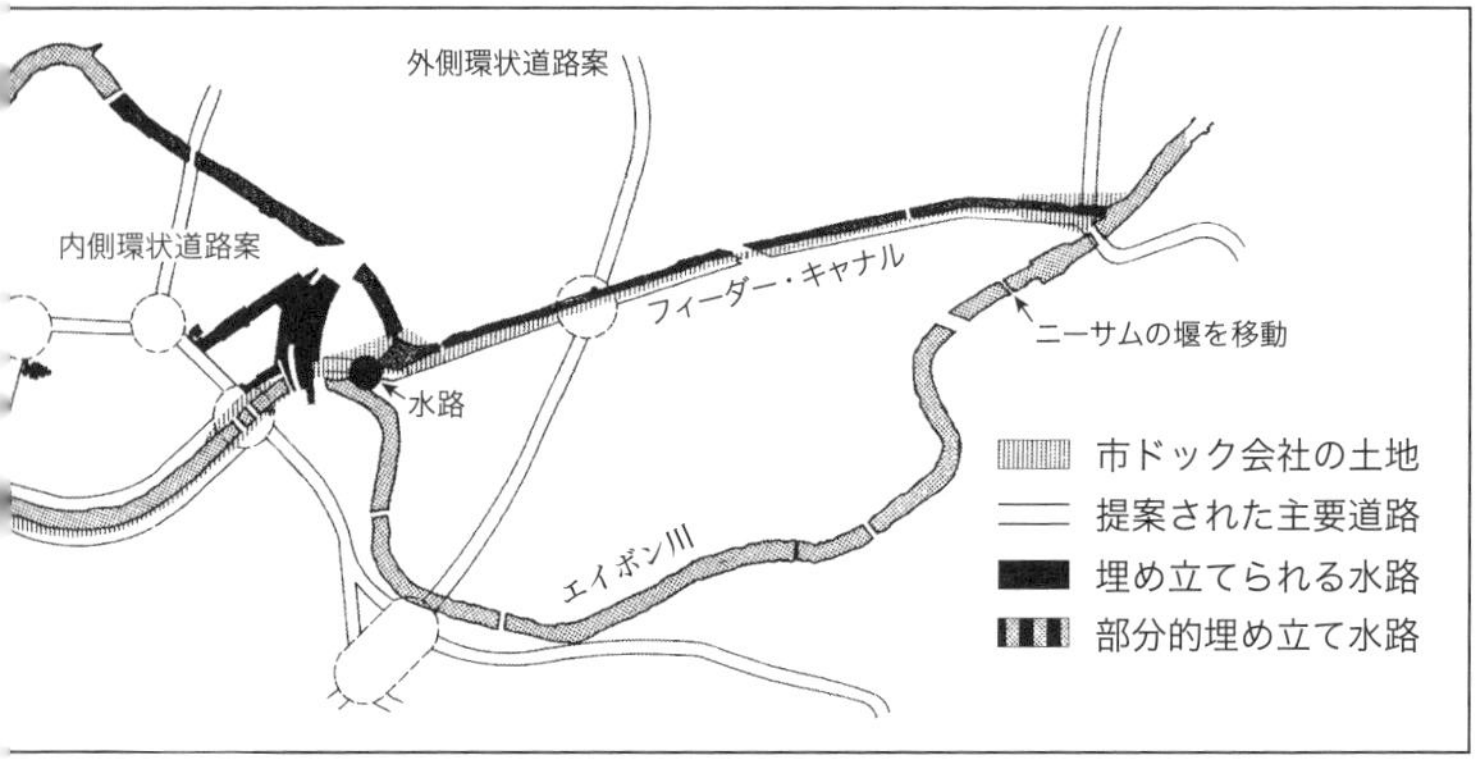

胆なもので、同時に虫食い的に再開発を進めようとするものであった。歴史保存グループなどの反対運動が繰り広げられ、この計画はストップ状態となり結局破棄されることになる。しかし、その計画破棄のさらに大きな理由は、国全体の経済的混乱および自治体内部における政治的コンフリクトであった。その後、石油危機や不動産不況も加わり、具体的な開発の動きは止み、結果的に港は疲弊したまま温存されることになった。

ロイズ TSB 本部の立地（円形および半円形の建物），現在（Google Earth）

サッチャーリズムの一九八〇年代には、いわゆる米国ボルチモア型の市場志向をもった、専門店型大規模ショッピングセンターを含む大型ウォーターフロント不動産開発への動きが出てきたものの、市民の意見から政治的に住宅を含む混合的土地利用を目指さざるを得なかった市は、大型

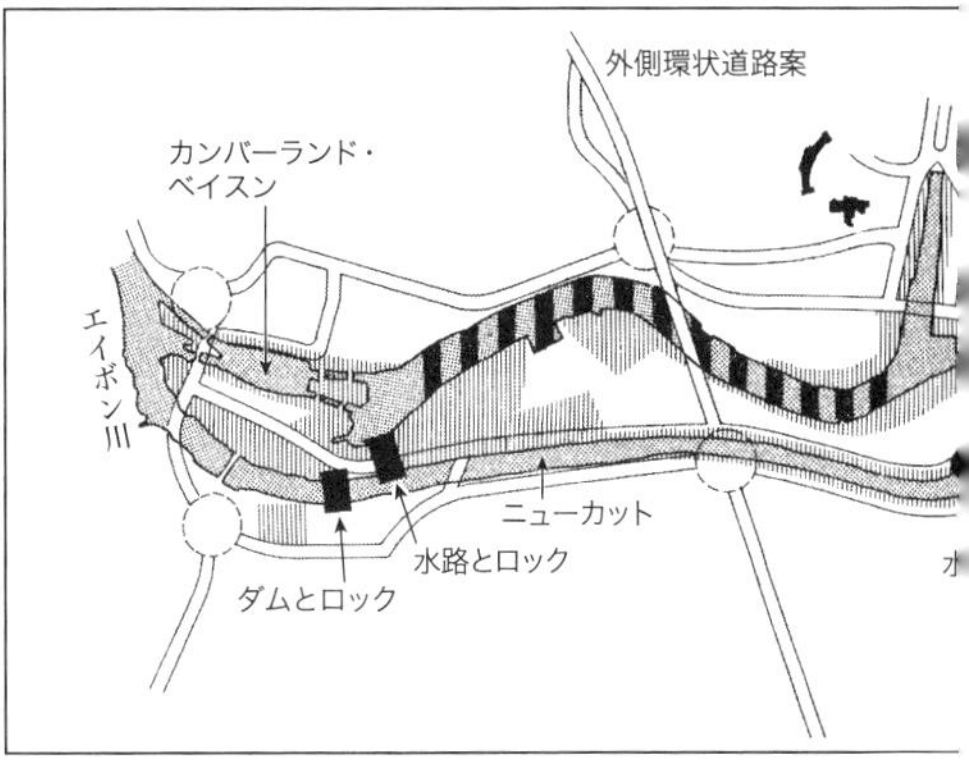

かつて作成された水面埋め立て計画図面．1969年の当初図（The Civic News, August 1969. P. Malpass, and A. King, *Bristol's Floating Harbour: The First 200 Years,* Redcliffe Press, 2009 より）

水辺に建つロイズ TSB 本部の半円形の建物（筆者撮影）

開発計画を拒否する。計画側も当時の経済情勢から購買力を懸念し結局取り下げている。

唯一の大きな開発許可は、一九八八年に至り、ロンドンからのロイズ信託貯蓄銀行（Lloyds TSB）本部のウォーターフロントへの進出であった。これは、当時、中央政府主導の都市開発公社（UDC）の強硬な開発計画に対する一つの予防線でもあった。ロンドン・ドックランズなど同公社タイプの不動産開発の動きを行き過ぎとみた市の深謀遠慮である。一方で同時に、ロイズTSBの進出を契機として、一つ一つ時代に合わせ漸進的かつ進化的に創り上げていくプロセス型開発を積極的に志向したのであった。

なお、ロイズTSBの進出は、当時の国の政策によるロンドンからの各種機能の地方移転促進の動きに対応したもので、市の担当者は同銀行と水面下で長いこと交渉を進めていたという。話は異なるが、政府機能の地方移転では、ブリストルには防衛省の調達本部が郊外のフィルトン（航空機生産工場などがある）に来ている。金融都市、ハイテク都市を象徴する動きといえる。

7　再生の進展と都市アメニティの向上

1　再生のプロセス

一九九〇年代以降、二〇〇〇年のミレニアム事業を経て、現在に至るまで、地味ではあるが徐々に再生型の開発が進んでいる。ただ、当初は、ロイズTSB本部の進出にもかかわらず、しばらく周辺再開発が遅々として進まなかった。発展への次のインパクトになったのは、地元とのマッチングファンド型補助金である国営宝くじ基金補助金（ロッテリーファンド）の獲得であった。

既に、アートセンターやメディアセンターが既存の港湾建物を部分的にリニューアルして一部好評を得ていたが、広い意味ではそれらに機能を付加する形で、新企画の参加型科学博物館や映像型動物園などを、同補助金獲得により逐次オープンしている。新規施設は別途暫定的な既存施設での実証経験や、既往の活動の延長線から創りあげた計画で、利用も堅実なものである。このプロジェクトは、ハーバーサイドの土地所有がブリティッシュガスなど主に民間であり、市や商工会議所などとの間でパートナー

ハーバーサイドの再生，旧ドックを利用したマリーナ付き住宅，橋は可動（筆者撮影）

シップを組んではじめて進展したものである。デベロッパーや地主を満足させる利益を上げ、文化プロジェクトやその関連インフラのためのマッチングファンドへの貢献を果たすための調整は多くの紆余曲折を経ている。

ハーバーサイドが徐々に注目される中、民間企業も熱心に乗り出し、住宅、オフィス、ホテルやレジャー施設など各種のプロジェクトが進んできている。開発コンペを経ての計画段階において、

ミレニアム事業の一部，ミレニアム・スクエア（筆者撮影）

ハーバーサイドの再生，旧ガス工場跡（キャノンズ・マーシュ）の住宅とオフィス（筆者撮影）

フローティング・ハーバー最奥部（テンプルミーズ駅近辺）の再生（筆者撮影）

計画地区にまだ住民がいないにもかかわらず、地域のアメニティグループや建築家、隣接地区の住民や議員を巻き込んで景観問題など多くの議論がなされ、計画が何度も変更されてきているのが特徴である。

このようにブリストルのハーバーサイド再生計画は、多くの参加者が関与した形での複雑な経過をたどっており、これがまた、漸進的かつ進化的といわれるゆえんでもある。結果として時間はかかるが、着実かつ味わい深い開発となっていると考えられる。

五〇万都市にしては、一つ一つの開発の規模はさほど大きくなく、いわゆる身の丈以下に抑えられている。ハーバーフロントには、瀟洒《しょうしゃ》で落ち着いた低層集合住宅や、斬新なデザインの集合住宅もできているが、それぞれ評判は上々で家賃も比較的高どまりしている。無理をせず全体の調和を保ちつつ、常に進化的な成長をめざす形での再開発は、今も続いている。

なお、現在でも、ハーバーサイドの開発は、低所得者や高齢者には恩恵が少ないなど種々の批判を持っている市民がいることも事実であり、市は全方向的な見方をせざるをえず、これがまた、漸進的な開発とならざるを得ないベーシックなものでもある。

2　再生の方向性

基本的な再開発コンセプトは、九八年のマスタープラン以降、一貫して「プレジャーポート」である。物流としての港湾機能はゼロになった単なる港湾遺構である。しかしながら、それはブリストルのアイデンティティそのものであり、そこにはかつてイギリス経済を支えた港としての誇りもある。この歴史を大事にしようとする地元ブリストリアン、そして広くイギリス国民の心に響く地域にしようというのが再生の基軸である。

市の中心部という位置も手伝って、都市のアメニティ向上には大変に好都合な存在である。既に点描したように、現在、水面には数多くのヨットやボートなどプレジャー船が浮かび、日によっては石炭蒸気船が煙を吐いている。岸壁の周辺では、蒸気機関車や使われなくなった各種のクレーン類が地元ボランティアによって動態展示、さらには、ブリストル製の往時の大型客船グレート・ブリテン号などのヘリテージ展示に力を入れ、ハーバーを巡って一種の劇場的空間が創り出されている。毎年恒例になった夏のハーバー・フェスティバルでは、全英から多くの帆船が集まり往時の海の覇者大英帝国を髣髴《ほうふつ》とさせるなど、強烈なアイデンティティを再生産している。水ぎわに並ぶパブやレストランは文字通り昼夜賑わい、それが季節を問わず繁盛しているのもまた注目される現象である。

グレート・ブリテン号について付言しておこう。このメイド・イン・ブリストルの当時世界最大の鋼

グレート・ブリテン号のヘリテージ展示（筆者撮影）

鉄船は、フローティング・ハーバーをその全盛時に出港し、以降戻っていなかった。一八四五年にブリストルから出た後、リバプール－ニューヨーク間の大西洋航路に使われたが、速度の問題などもあり商業的にうまくいかず、結局、転売を繰り返されることになる。オーストラリアへの移民船やクリミア戦争時の兵員輸送などにも使われたが、老朽化後は、帆船として石炭輸送などに使われ、最後は南米フォークランドで石炭の海上倉庫として係留されていた。

この船をフォークランドに見つけたブリストリアンは、それを救おうと募金活動を行う。富豪ポール・ゲッティや実業家ジャック・ヘイワードの協力で再生が実現することになった。大西洋をタグボートに引かれイギリスに帰還、一九七〇年七月に故郷ブリストルのエイボン川を遡り、同じブルネルの設計したサスペンション・ブリッジの下を通り、フローティング・ハーバーに入った。数日間の後、既に遊休化していたドライドック、同船誕生のグレート・ウェスタン・ドックに最終的に戻ったので

夏のハーバー・フェスティバル時の水面の賑わい（筆者撮影）

ある。一連の行事は、ブリストル挙げての大きな関心を引き起こし、ほとんどの市民が見物に訪れた。これが、のちにフローティング・ハーバー保存への大きなムーブメントの一因になったのは事実である。なお、二〇〇五年に改修が終わり、現在、同ドックとともに遺産として展示され、年間一〇万人以上の来場者を得ている。

夏のハーバー・フェスティバルについても、一言触れておきたい。驚くべき賑わいである。もともと、これは、ブリストル・ウォーター・フェスティバルとして、イギリスの運河ネットワークを守るために一九五〇年から活動している全国組織インランド・ウォーターウェイズ・アソシエーションのブリストル支部と、ブリストルのキャボット・クルージング・クラブの有志が一九七一年に組織化してはじめたものである。当時、フローティング・ハーバーが閉鎖されようとしていたのに対する、港のアメニティとレジャー利用のポテンシャルを示すデモンストレーションの意味を持たせた祭りであった。その後、多くの協力者や協力企業に支えられ、ハーバー・フ

ハーバー・フェスティバル時の水面のひとコマ（筆者撮影）

晩秋のセント・オーガスティンズ・リーチ，ナローキー（筆者撮影）

エスティバルとなり規模が拡大、市が中心になって開催するようになり今やブリストルの夏の恒例行事になっている。

ブリストルは、現在、英国エアバス本社やロールスロイス航空機エンジン工場があるなどイギリス航空機産業の中心でもあり、また、ヒューレット・パッカード社のグローバル研究拠点が立地するなど、さまざまなハイテク産業も集積している。同時に、近年では金融、保険、映像などの高付加価値型あるいはクリエイティブ型のサービス産業がウェイトを増している。映像産業においては、BBCブリストルをはじめ、特にネーチャーヒストリーや自然探検ものでは世界でも右に出るところ少なく、またアニメ産業でも今や全英トップクラスの集積を誇っている。港湾再生におけるプレジャーポートの発想は、都市アメニティの向上が、新しい次代の都市型産業の重要なインフラになるという戦略でもある。そして、その背景には、ブリストルのこれまで持ってきた独特の高いシティ・プライドを、現代版としてもう一度よみがえらせようとする市や市民の強い願い、すなわちシティ・プライド再生への願いがあるように思われる。

第Ⅲ章　イギリスにおける水と都市の関係史

水都ブリストルをより立体的に理解するためには、その空間的、時間的な位置づけを知ることが必要かもしれない。そこでここでは、イギリス全体における水と都市の関係について、大きく歴史をたどりながら眺めていくことにしたい。

1　水都の成立と発展　古代から大航海時代まで

イギリス（連合王国）は、イングランド、ウェールズ、スコットランド、および北アイルランドからなるが、ここではまず、イングランドを中心に近世までの歴史を追いながら、主な水都の成立と発展についてみていく。

1　ローマ時代

イングランドには、紀元前七世紀以降にケルト人が流入してきたとみられている。ローマ人は紀元前

ローマ時代のイングランド，主な都市と道路（R. R. Lawrence, *Roman Britain,* Shaire Publications, 2010 ほかを参考に筆者作成）

一世紀に侵入、その後、現在のイングランドとスコットランドの境界付近に長い城壁（ハドリアヌスの長城）を築き、その南側をブリタニアと称して支配した。ローマ帝国は支配の中心都市として現在のロンドンの基礎となるロンディニウムをテームズ河畔に建設した。以降、ローマの支配は五世紀のアングロ・サクソン人の侵入、ローマ人の退出まで続き、この間、イングランド各地に進出の拠点としての軍の駐屯地や入植地を築いていった。

ローマ帝国によるロンディニウムの建設は、現在のシティの場所に当たるが、ローマ軍は、ブリテン島に侵入当初、拠点をロンディニウムより約八〇キロメートル北東のコルチェスター（エセックス州）に置いたとみられている。もともとケルト人によって建設されていたコルチェスターは、北海より約二〇キロメートル、コルン川を遡った位置にある。コルン川は、比較的小さな河川であるが、他の川の支流ではなく、潮汐差で深さ・幅が変化する入江状の川であり、当時の操船には便利であったと考えられる。その後、紀元一世紀末に、テームズ川を遡ったロンディニウムに拠点を移動し都市を建設していくが、コルチェスターにおけるケルト側の反乱がその要因の一つであったといわれている。

　ロンディニウムのほか、ローマ人により建設された都市は、ウーズ川に沿う北の要塞都市ヨークを筆頭に、ウェールズ侵略への基地としての、ディー川沿いのチェスター、同じくウェールズとの境界でセバーン川を遡ったグロースターなど数多い。チェスターやグロースターは、その後、水運を利用した交易都市として発展していく。また、エイボン川沿いに位置し温泉の出るバースは、当時ローマ人が浴場

ローマ時代のコルチェスターの絵図（*Colchester, A Jarrold Guide to Britain's Oldest Recorded Town,* Jarrold Publishing）

コルチェスターを流れるコルン川（筆者撮影）

コルチェスターに残るローマ遺跡（筆者撮影）

ヨークを流れるウーズ川（筆者撮影）

バースを流れるエイボン川（筆者撮影）

バースのローマ浴場（筆者撮影）

を建設しケルトの女神スルを祀りアクアスルスと呼んだまちで、のち一八世紀に至り貴族たちの保養地として大きく発展し現在のイギリスを代表する観光保養都市につながっている。

2　アングロ・サクソン時代

ローマ人が退出した後、アングロ・サクソンは、九世紀までの約四〇〇年間、イングランド内に七つの王国を築き、お互いに覇を競っていた。ローマ時代に続き、国内各地に古くからの都市が形成されたのは主にこの頃である。なお、アングロ人が有力であったことから、ローマ人は当地をアングリア（アングロ人の国＝イングランド）と呼んだ。八世紀から九世紀にかけ、イングランドは統一されるが、同時に活発になったのは、デーン人の侵入である。デンマークのバイキングであるデーン人は船を操る技術に優れ、これを怖れるアングロ・サクソンは、海岸部よりも防備に向いた、川を遡ったところで、かつ川の形状が防衛上都合のよい場所に都市を発展させていった。たとえば、ブリストルやノリッジがそうである。

既述の通り、都市ブリストルの成立・発展については、マクロ的な立地の条件でいえば、まず、イングランド西側における海への出入り口として優れていたことである。イングランド南西端から北にかけてはずっと岩状の急峻な海岸地形などで、ブリストルまでは自然の良港を見つけ難かったからである。別のセミマクロ的な立地条件でいえば、デーン人の急な襲撃に対し、入江状のセバーン川の河口域で、かつエイボン川の河口から十分な距離をもっていたことがあげられる。エイボン川の下流部分は、エイボン・ゴージといわれる峡谷をなし、流れも蛇行しているため海からの敵の侵入に対する防備には都合がよかった。また、ミクロ的な条件としては、ブリストルの立地はフロム川とエイボン川の合流地点で、エイボン川に架橋することのできた最も河口に近い地点であり、交易に便利だったことがあげられる。水運上、ロンドンが東海岸（北海）に向いていたのに対し、ロンドンのほぼ真西に位置するブリストルは、西海岸（大西洋）の拠点になる位置関係であった。

ノリッジは、ロンドンの東北に位置し、アングロ・サクソンが最初に造ったといわれる、古英語で北のまちを意味する都市である。肥沃な農業地帯に位置し周辺は平坦であるが、海からノリッジに至るヤ

産業革命期前の発展都市，ノリッジ，ブリストルの位置（Google Map）

ー川とウェンサム川は、途中、湿地帯を含んでかなり激しく蛇行し、距離もあったことから、当時の防備上ある程度の好条件を備えていたとみられる。

3　ノルマン・コンクエスト〜チューダー朝時代

イングランドでは、一一世紀はじめに、征服者であるデーン人の王朝が一時成立したり、アングロ・サクソンが復活したりするが、再度、外国に征服されることになる。対岸のノルマンディーからの進出、一一世紀後半のノルマン・コンクエストである。

その後一四世紀から一五世紀にかけ、フランスに敗退した百年戦争、内戦となった薔薇戦争、国内でのペストの大流行、農奴の反乱、封建制の崩壊と続き、社会は混乱することとなる。その半面、相対的に王権が強力となり、チューダー朝の絶対王政につながっていく。その中で貴族に代わり、影響力を持ちはじめたグループが王権に守られた大商人であった。

この時期に、イングランドの良質な羊毛生産に支えられた毛織物産業が発達し、商人はハンザ同盟主力のリューベックなどとの競合の比較的少ない低地地方との交易を通じ、富を蓄えていく。港を抱えた有力な商業都市であるノリッジやブリストルが、後背地の毛織物産業と連動し、大きく躍進したのもこの頃である。一四世紀にブリストルは、ロンドンに次ぐ第二の都市となる。一方、一六世紀にはノリッジが第二の都市となり、以降、産業革命前までは両都市が第二位を競う形となっていった。

ノリッジは、ウェンサム川および下流のヤー川を利用した港町として、アムステルダムにも近いことから大陸交易上有利で大きく発展した。後背地ノーフォークの羊毛生産に加え、フランドルからの毛織物職人による技術移転もあり大きな富を築いていく。

12世紀に建てられたノリッジ城の天守閣部分
(筆者撮影)

ノリッジの外港，ヤー川河口のグレート・ヤーマス
(筆者撮影)

一五世紀末、アメリカ大陸（カナダ）に最初に足を踏み入れたジョン・キャボットは、勅許を得てブリストルから出航しているが、国家や商人たちが新大陸に目を向けはじめるのもこの頃からである。

4 エリザベス朝～大航海時代

絶対王制は一六世紀のエリザベス朝時代に頂点に達し、それまで世界各地に植民地を持ち強国となっていたスペインと、激しく対峙することになる。イングランドはネーデルランド北部のスペイン支配からの独立を支援する。さらにイングランド攻略をめざすスペインの無敵艦隊との海戦で一大勝利し、イングランドの海軍力は欧州で最強の地位を占める形になっていく。一方で、国内的には、教会の首位権がイングランド国王であるとする国教会がローマカトリックと対立、数々の反逆者処刑事件という暗黒時代が続き、一七世紀初頭にはピューリタンやカトリック教徒への弾圧が激しくなる。この時に国王の弾圧を逃れて新天地アメリカに向かったのが、イングランド南部のサザンプトンから出て、プリマスで再出航したメイフラワー号である。

サザンプトンは、大陸に近く一二、一三世紀頃から、主にイングランド製織物とフランス製ワインとの交易で発展した港町である。一四世紀のフランスとの百年戦争時に襲撃にあい、城壁を築いている。のちに同地では造船業が発達し、現代に至る大きな港になっていく。また、プリマスはイングランド南西部に位置し、スペイン無敵艦隊との会戦時にはイギリス海軍がここから出航した港湾都市で、現在も引き続き軍港である。

一七世紀から一八世紀にかけて、イギリスは大航海時代を謳歌する。北米植民地の建設、東インド会社や王立アフリカ会社の設立によるアジア、アフリカ方面への進出など、ポルトガルやスペインにはほぼ一世紀遅れたものの、次々と世界に勢力を拡げていく。植民地との交易による富の獲得は、かつてない大きなものであった。特記すべき事項は、一八世紀初頭にそれまで主にスペインが行っていた奴隷貿易に参入し、世界のなかでほぼ独占的な状態にまでもっていったいわゆる大西洋三角貿易である。

繰り返しになるが、三角貿易は、工業産品や雑貨を西アフリカに運び、奴隷と交換、その奴隷をプラ

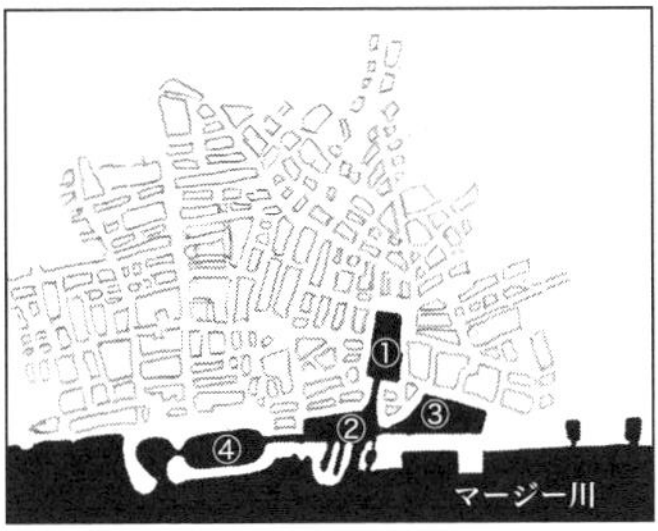

マージー川河口リバプールの18世紀の形．係船ドックを他都市にさきがけ建造（*Plan of the Towns of Liverpool, 1768, by John Eyres* をもとに筆者作成）

1770年代までに開設したドック
①トーマス・スティアーズ・ドック
（オールド・ドック）……………………1715年
②カニング・ドック……………………1737年
③ソルトハウス・ドック……………………1753年
④ジョージズ・ドック……………………1771年

かつて盛んに使われたリバプールの係船ドック（筆者撮影）

ンテーション等で労働力を必要としていた西インド諸島、アメリカ大陸に運び、砂糖、綿花、タバコなどの産品と交換し、本国に持ち帰るという図式である。一七一三年のスペイン継承戦争講和条約締結後、イギリスがスペインの奴隷貿易に参入できることになり、その後イギリスが多くを占める形となったものである。

　これにより、関係する商人や港湾都市は、莫大な富を得ることになる。初期に手を染めたロンドンおよびブリストルは、それまでの長い港湾都市の蓄積の上にその富が重なり大きく繁栄していく。一方、三角貿易に遅れて参入し、その後、両都市よりも相対的に長く営み、富を得ていったのが新興のリバプールである。

リバプールは、大航海時代に貿易港として急速に発展していくが、それまでは小さな港町にしか過ぎなかった。新大陸に近い西岸に立地し、海に近いマージー川の河口に位置するため、大航海時代に船型が拡大して以降、同じ西岸に位置する川港のブリストルに対して相対的に有利となり急速に地位を上げていった。一八世紀初頭、岸壁の干満の差を克服するため、係船ドックを他都市に先立って建設、ますます競争力を強めていった。三角貿易時代の繁栄に加えて、その後の産業革命期における後背地の工業発展がリバプールの地位を不動にしていくこととなる。

2 急発展する新水都　産業革命から一九世紀まで

イギリスは、世界に先駆けて産業革命をなし遂げた国である。この時代に発展した都市も多く、それぞれ水と深くかかわって成立している。ここでは特にイギリスにおける交通の歴史に焦点を当て水都との関連をみていく。

1　産業革命（一七六〇年代～一八三〇年代）と都市

スペインやポルトガル、さらにはオランダをしりぞけて海上の覇権を握ったイギリスは、新大陸やアフリカへの輸出品として綿織物に目をつける。東インド会社が輸入したインド製の綿織物キャラコの人気が高いのをみて、自前で綿織物を作り輸出するようになる。価格の低い手製のインド製品に対抗するためには大量生産が必要であった。綿花を多量輸入するために新大陸にプランテーションを作り、三角貿易による奴隷労働で低コストの原料を調達していった。国内では、囲い込みによる農地の大規模化、耕作技術の改良などによる農業生産の拡大があり、地主階級に資本の蓄積をもたらした。一方で、食糧生産の増大は人口増加を促し、また、土地を失ったかつての農民は賃金労働者として工場労働力の供給元ともなった。

この資本と労働力の存在に加え、イギリスには鉄鉱石や石炭資源の多くの賦存《ふそん》があった。一七世紀以来の自然科学の進展が基礎になり新しい生産技術の発明など多くの技術進歩がもたらされ、これに市場としての植民地の存在が加わって、一八世紀はじめに世界で最初の産業革命が起こることになる。

主力の繊維産業では、一七三〇年代のジョン・ケイの飛び杼《ひ》の発明による織布生産性向上、一七六〇年代のハーグリーブスのジェニー紡績機の発明による紡績効率上昇、一七七〇年代のアークライトの水力紡績機の発明による大量紡績、一七八〇年代のカートライトの力織機発明による織物の量産と続く。これに同時期のダービーによるコークス炉など製鉄技術の改良、一七八〇年代半ばのワットによる蒸気機関の改良など次々と関連の技術革新が進んでいく。さらに交通手段の変革にもおよび、一九世紀初頭におけるフルトンの蒸気船試作、およびスティーブンソンによる蒸気機関車実用化と展開していった。

イギリスは、一七七四年に機械輸出禁止令を出し機械輸出や技術者の渡航を禁じ、それが一八二五年に一部解禁されるまで継続し、その間、産業革命の技術の独占をはかっている。このような理由も含め、世界に産業革命が波及するのにはタイムラグが生じ、ベルギー（一八三〇年独立後〜）、フランス（一八三〇年代〜）、ドイツ（一八四〇年代〜）、アメリカ（一八六五年南北戦争後〜）、日本（一八九四年日清戦争

産業革命の発祥地ミッドランドの新興産業都市（筆者作成）

マンチェスターの綿織物工場跡（筆者撮影）

前後〜）と順次遅れて続いていくことになる。

イギリスは、産業革命の全期間を通じて圧倒的な競争力をもち、世界の工場となっていった。バーミンガム、ノッティンガム、マンチェスターなどの工業都市が急速な発展を遂げ、リバプールやロンドンの港湾施設もいっそう拡大していった。

バーミンガムは、トレント川、セバーン川ほかの谷に取り囲まれた丘陵上に位置しており、一五世紀末頃から刃物など金属製品の製造が盛んになっていたが、それまでは小さなまちにすぎなかった。一八世紀に近隣の南スタッフォードシャー炭田と運河で結ばれるとともにワットの蒸気機関製造もはじまり、急速に産業革命の一大中心都市として成長していく。

ノッティンガムは、トレント川に臨むアングロ・サクソン以来のまちであり、染色など繊維関連の産業が育っていたが、ミッドランド地方東部の炭田地帯の中心であることから産業革命期に一大工業都市となっていく。

マンチェスターは、ローマ時代に前哨の砦が築かれていたが、都市として形をなすのは一二世紀頃であり、発展するのは一四世紀のフランドルからの移民によって毛織物工業が盛んになってからである。近くのウアーウェル川、メドロック川、アーク川の合流点で、産業革命期に綿織物工業の中心となる。近くのウースリー炭鉱と運河で結ばれてからコスト競争力が増し、リバプール港の発展と相まって、世界的な産業都市として急成長していく。

また、このほか同時代の都市として、リーズやシェフィールドも、それぞれ繊維、金属をベースに産業都市として勃興し拡大していく。

これら、産業革命期に急発展した工業都市は、もともと金属や毛織物の手工業をもっていたところが多い。それらの産業が初期の動力源として水車を利用していたこと、また交易上の理由から、都市は内陸の河川部に立地し形成されたとみられる。蒸気機関の利用にともなって、近隣における炭鉱地帯の存在、さらには、大量な原料や製品の輸送手段としての水運の存在が、その後の工業都市の発展の決め手となったと考えられる。

2　産業革命を支えた運河網開発

産業革命にとって重要な役割を果たしたのが水運、なかでも運河による物流である。一八世紀当時、産業のための物流手段として、イギリスの道路は未舗装のため重量物や嵩高《かさだか》な物の運搬に適していなかった。水運は、陸路よりもはるかに大量の荷物を安価に運ぶことができ、鉄道が敷設され普及するまで

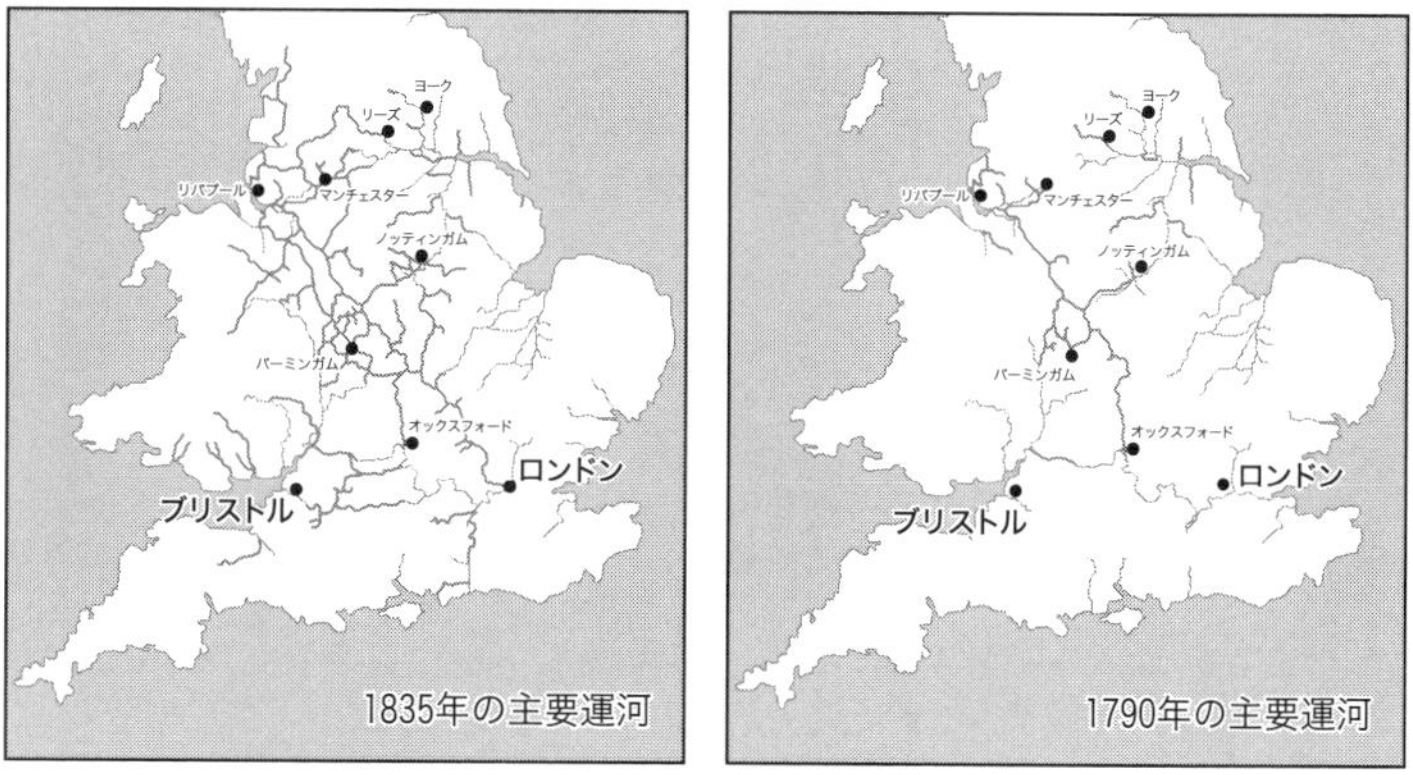

イングランドにおける運河網の拡大（S. Yorke, *English Canals Explained,* Countryside Books, 2003 をもとに作成）

は、産業革命を支える大きな原動力であった。イギリスでは、古くから海運や河川舟運は盛んであったが、産業革命期に内陸部での工業化や炭鉱開発が進展、運河敷設の機運が高まった。丘陵を迂回する形から、ロックや、水路橋、トンネルの採用で、地形を克服しても敷設されるようになっていった。

当初の動力は、トウパス（曳舟道）を使い馬や人間が船を引っ張る形であった。ロックの開閉も人力である。そのため、多くの運河幅は狭く、七フィート（二・一メートル、標準狭路）が普通であり、船はナローボートといわれる船型が一般的であった。

運河建設の嚆矢は、ブリッジウォーター運河である。一七六一年ウースリー炭鉱を保有していた第三代ブリッジウォーター公フランシス・イガートンは、フランスのミディ運河見学からヒントを得て、自分の保有する炭鉱とマンチェスターを結ぶ二四キロメートルの運河を建設、その後リバプールまで延伸した。ブリッジウォーター運河は地下の炭鉱からトンネルで石炭を搬出、水路の水も炭鉱の地下水で一部を補うというものである。これにより、石炭の大量輸送でブリッジウォーター公は多大な利益を得た。同時に、マンチェスターの石炭価格が大きく下がり、いっそう産業が発展することになる。建設にたずさわった運河技師のブリンドレーは、その後、大幹線運河とも呼ばれる延長一五〇キロメートルのトレント・マージー運河に着手、ブリッジウォーター運河の成功をみていた多くの投資家の支援を受け一七七七年に完成する。これにより、ストーク・オン・トレントの陶器生産にも拍車がかかる。

以降、とりわけ一七九〇年代前半にはキャナル・マニア（運河狂）と呼ばれる一種の建設投資ブームが引き起こされ、各地に次々と運河が建設されていった。民間企業としての運河会社は、通航料が収入源であるが、場所によっては相当の収益を上げ投資への配当がかなり高いところもあった。

運河は、自然の河川との接続、運河と運河との接続など、巧妙な水のやりとりで、都市、産業、

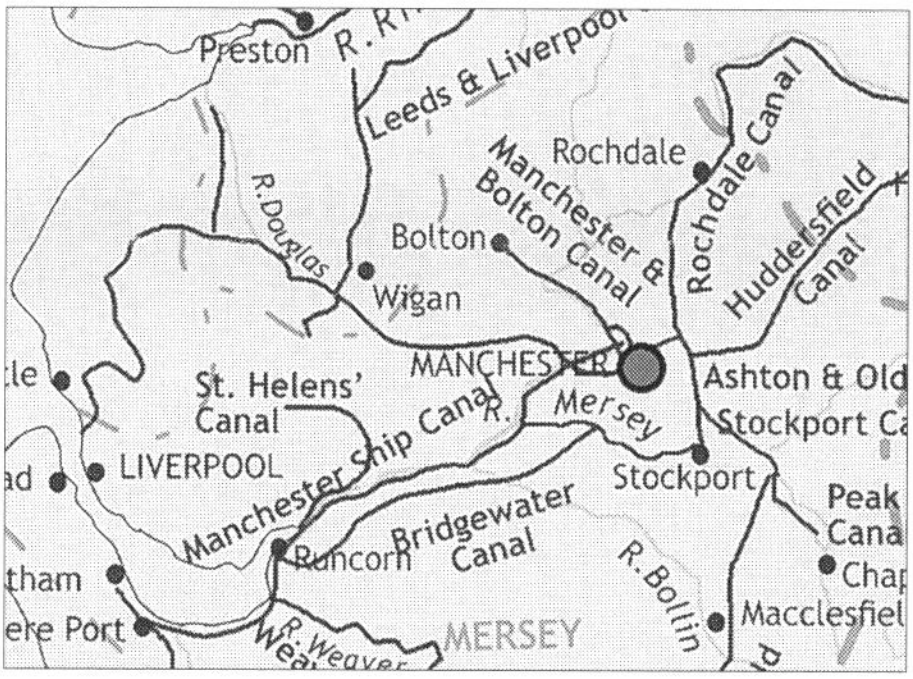

マンチェスター周辺の運河網．1906年時点の航行可能水路（*Canals and Navigable Rivers Map of Great Britain 1906*, Old House Books）

運河建設の嚆矢となったブリッジウォーター運河（筆者撮影）

港湾をつなぎ、イギリス独特の運河網を構成していく。イギリス、特にイングランドは、地形的に急峻でなく平地あるいは小高い丘陵地からなっていることや、年間を通じ降雨量が比較的安定に保たれていることなどの自然条件も運河の発達と深い関係にあったとみられる。大土地所有といった社会条件や、産業発展による物流量の増大という需要条件、のちに出現し運河側がほぼ完敗に帰す鉄道輸送の未出現といった（非）競合条件など、運河網はいくつかの独特な成立条件が重なりあって構築されたもので、この点は、ドイツやフランス等の大陸諸国に建設された運河とは様相がかなり異なるものである。

なお、バーミンガムやマンチェスターをはじめ、ノッティンガム、リーズ、シェフィールドなど産業革命時代に発展した工業都市は、それぞれ都市の内部に工場を抱えていた。したがって、それらの都市の運河や船だまりは市街地内部、あるいは市街地に接続して造られていたのが特徴である。

3　産業革命期前後における港湾の発展

新大陸や植民地との交易が盛んになるにつれ、港湾側にも大きな変化が訪れる。遠洋の航海に対応した船型の大きな船を係留するために必要になってきたのがドックである。イギリスは潮汐差が大きいため、港湾の水位を一定にするための装置が必要である。

リバプールでは、産業革命以前の一七一五年に、世界で最初といわれる商業用のドック、トーマス・スティアーズ・ドックを完成させ入港船舶を増やしている。続く産業革命期の需要急増を受け一七八五年にキングス・ドックを開設、以降、次々とドックを建設、ロンドンにつぐイギリス第二の港湾都市としての地位を獲得している。リバプールは、さらに一九世紀においても一八四〇年代後半にアルバー

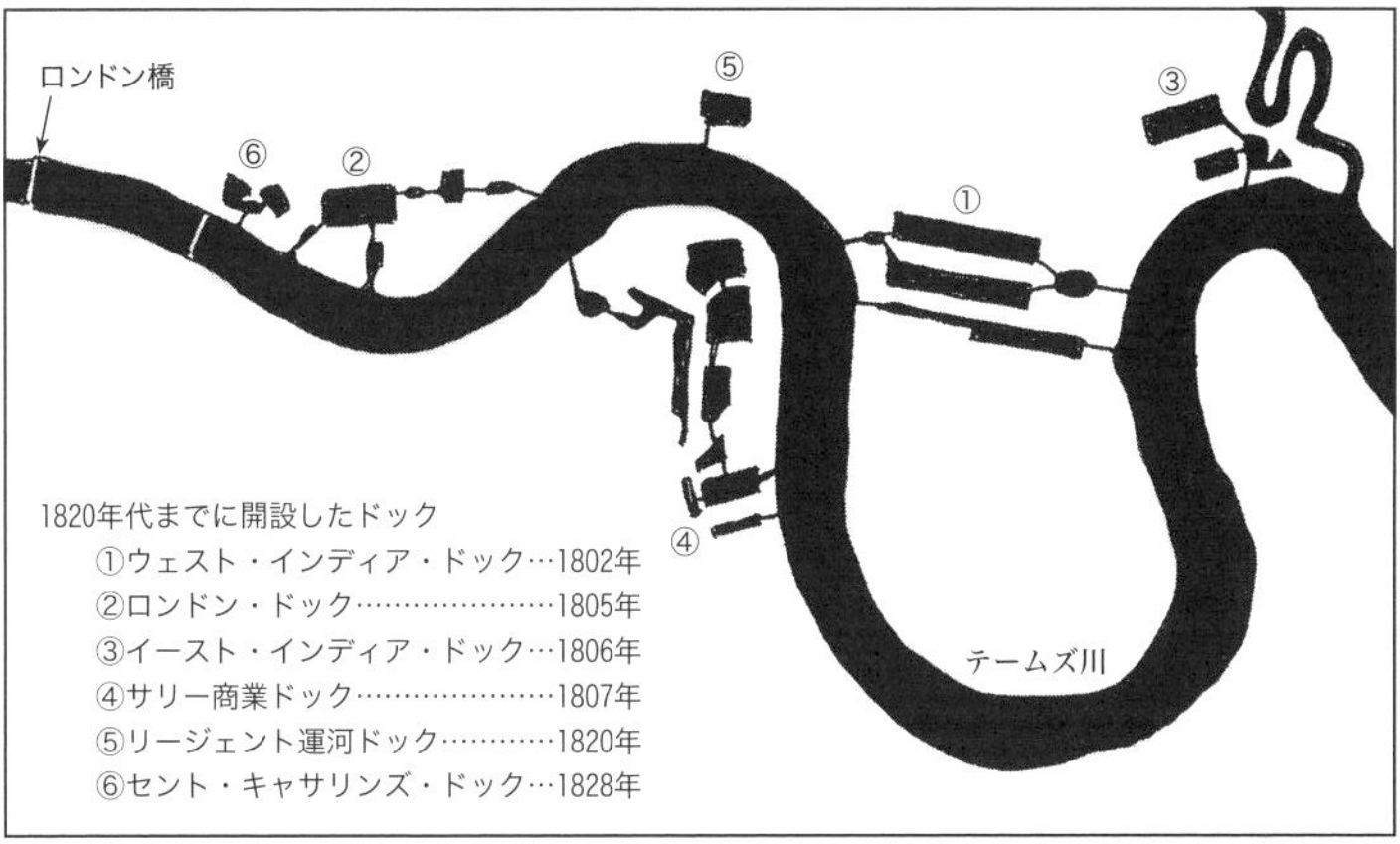

1802〜28年に開設されたロンドンのドック群の配置（R. Pope (ed.), *Atlas of British Social and Economic History Since C.1700,* Routledge,1989 をもとに筆者作成）

ト・ドックやスタンレー・ドックを整備し港湾の拡大をはかっていくことになる。

ロンドンでは、もともとはテームズ川岸にある波止場で貨物の積み下ろしをしていた。一七世紀末にシティの外、南岸に掘割型のハウランド・グレート・ドックが地主の手により建設され賑わっていたが、本格的な大型ドックの建設は、一八〇二年のウェスト・インディア・ドックの開設以降である。一八二〇年代までに、ロンドン・ドック、イースト・インディア・ドック、サリー商業ドック、リージェント運河ドック、セント・キャサリンズ・ドックが次々と完成、その後さらに、ミルウォール・ドックやロイヤル・ドックの建設が続き、一帯にドック群を有するロンドン港は一九世紀において世界最大の港湾となった。

このほか、産業革命期に大きなドックを建設したのは、イングランド中北部の東海岸に位置するキングストン・アポン・ハルである。ハルは、ハンバー川といわれる入江を溯りハル川の河口部に位置する海港で、一二世紀以

ハルの大型ドックの位置と形．ハンバー川入江につながるハル川の河口部に1778年建設（‘Fortifications of Kingston upon Hull,’ English Wikipedia 所収の1786年の地図をもとに筆者作成）

降、羊毛の積み出し港として発展し、一六世紀にはロンドンにつぐ数の船舶を保有していたとみられる都市である。オランダやベルギーに近い地の利を活かし、一七七八年に長さ約五〇〇メートル、幅約八〇メートルの大型ドックを完成、その後も港湾整備を進めてきている。

古くからの川港についてみてみれば、既にこの頃、チェスターやノリッジは時代に取り残され、また泥の堆積問題もあり港の機能はほぼ消滅していた。一方、チェスターと同様にローマ時代に町ができ、中世以降に発展した川港のグロースターは、セバーン川を溯る内陸の町であるが一八四九年にドックを完成させている。実は、それに先立ってグロースターは、潮汐差の大きなセバーン川の航行を避けるために、セバーン川入口のシャープネスから広路のシャープネス・アンド・グロースター運河を一八二七年に敷設し、グロースターのベイスンまでの航路を完成させており、このベイスンの混雑を緩和するために新たにドックを造ったわけである。

同じく古くからの川港であり競争上劣勢に立たされていたブリストルは、ノリッジなどとはまったく異なる道をたどることになる。潮汐差の極めて大きいブリストル海峡につながるエイボン川の川港であるブリストルは、前述の通り、リバプールやロンドンのようなドック形式ではなく、フローティング・ハーバーという、ダムにより堰き止める形の港の構築により対応していく。フローティング・ハーバーは一八〇九年に完成しているが、いわば自然の地形を利用した巨大なドックで、世界でも類例をみない広大な一定水位の港湾空間を創りあげている。ブリストルの港は、相対的な貨物量シェアでは、急速に伸びたリバプールやハルなどの後塵を拝することになるが、このフローティング・ハーバーの建設により、貨物取り扱いの絶対量は順調に伸び、活気を伴った港として以後長く存続することになる。

4　鉄道時代の到来と運河の衰退

産業革命後期に入ると、鉄道が出現し、イギリス全土に急速に敷設されていった。一八〇四年にトレビシックが世界初の軌道走行の蒸気機関車を製作、その後、スティーブンソンにより改良された蒸気機関車は、一八二五年にストックトン－ダーリントン間で初の営業運転をする。一八三〇年には、リバプール・アンド・マンチェスター鉄道が開業、一八四〇年代になると、都市間を結ぶ鉄道網がかなり形作られ、レールウェイ・マニア（鉄道狂）の時代が到来する。投資の対象として、新たな鉄道が続々と計画、敷設され、複数路線の並行や、同じ都市に複数のターミナルが造られるなど、無計画的ともみられるほど急速な展開であった。

鉄道に比較すれば、これまでの、特に人や馬の牽引による狭路の運河は、明らかに速度や定時運行の面で不利であった。価格面においても、運河会社の通行料金設定の高止まり傾向から、利用者にとっては鉄道利用の方が有利な場合が多かった。結局、運河は鉄道に輸送の主導権を奪われ衰退していくことになる。

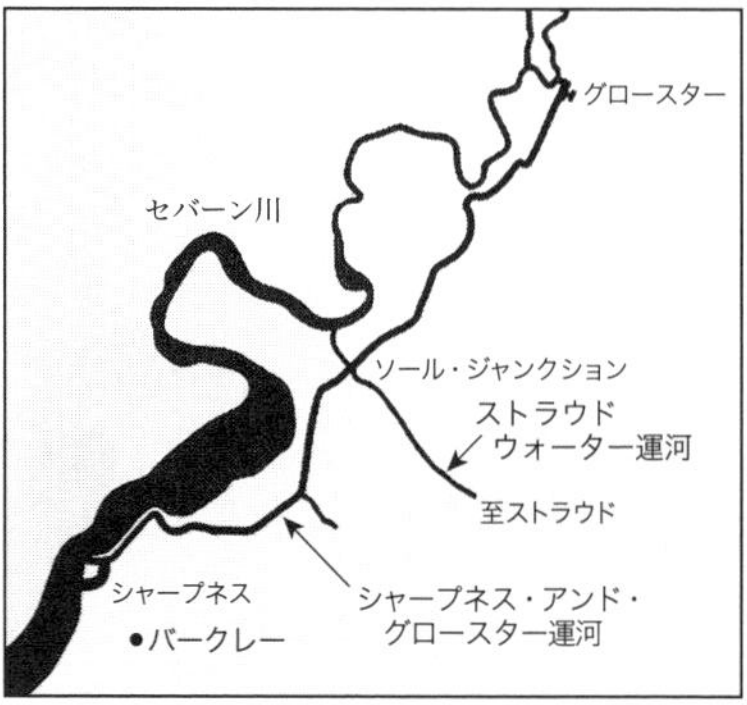

シャープネス・アンド・グロースター運河．蛇行するセバーン川をショートカット
（Hugh Conway-Jones, *Gloucester Docks,* Black Dwarf Publications, 2009）

一七六〇年代のイギリス最初のブリッジウォーター運河完工から、一八二〇年代の初期鉄道開業までが約六〇年間、一七九〇年代のキャナル・マニアの時代から、一八四〇年代のレールウェイ・マニアの時代までが約五〇年間である。したがって、イギリスの運河の時代はたかだか五〇～六〇年といってよいかもしれない。しかし、この約五〇年間は決定的に重要である。ヨーロッパ大陸諸国にイギリス風の運河網が建設されなかったのは、自然条件の違いはあるものの、この期間に、物流需要のもととなった産業革命が大陸ではほとんど進まず、鉄道時代になってから進んだためと考えられる。

イギリスでも広路運河については様相が異なっている。蒸気機関車と同様に発明された蒸気動力船による大量の輸送に関しては、鉄道に対し優位性があったからである。鉄道網が敷設された後の一八八七年に建設が開始され一八九四年に開通した、マンチェスターのサルフォードからマージー川のイーストハムを結ぶ五八キロメートルのマンチェスター船舶運河（シップキャナル。船長一六〇メートル、船幅一六メートルまで可）は、外洋航行船も出入りでき、その後長く使用されてきている。また、一八二七年の完成時点ではイギリス一の広さと深さを持つといわれたシャープネス・アンド・グロースター運河（船長六四メートル、船幅九・六メートルまで可）も、その後長く使われることとなる。

完成時点ではイギリス一の広さと深さを誇ったシャープネス・アンド・グロースター運河（筆者撮影）

かつての倉庫が立ち並ぶグロースター係船ドックの現在（筆者撮影）

なお、狭路運河が衰退して以降、それら運河は、鉄道会社に買収され埋め立てられて線路敷に変わったり、長年放置され荒廃していくものも多かった。一方で、競争に一旦は負けた狭路運河の水運が、細々と生き長らえる場合もあるにはあった。動力の発達で人馬に頼らず運航することができるようになってからは、バージ船として、定時運行を要求されない貨物や、重量や嵩《かさ》のある貨物については長らく運河が使われたのである。船に寝泊まりする水夫たちも現れ、料金上からも貨物によっては若干の競争力を維持することができたからである。

3　置き去られた水都の機能　二〇世紀初頭から一九七〇年代まで

二〇世紀は、自動車時代となり、産業の変化も大きな時代であった。港湾の立地や機能も大きく変化していく。イギリスの水都にとってまさに大変化の時代であった。当時のイギリス経済も含め、水都の状況についてみていく。

1　自動車交通の発達

イギリスの道路は、もともと地域の教区単位に建設されたものが中心で、住民の労役によって維持整備されていたため、総じて貧弱であった。しかし、一七世紀後半から、道路に関所が設けられ通行車両から料金を徴収、利を求め道路整備は急速に進んでいった。いわゆるターンパイク（有料道路）で、総延長も伸び、都市間の荷馬車や乗客用馬車のネットワークもできていった。ただし、道路が未舗装もしくはタール等による簡易舗装のため、轍《わだち》の問題などから重量物輸送や高速輸送には難があり、結局、一時は運河、そして後には鉄道が貨物運送の主流になっていた。

規模が小さく補修等も低質なターンパイクが乱立していたため、一八六〇年代からは国が道路管理に責任を持つようになり、それまでの有料道路から、無料で比較的高品質な道路のネットワークへと徐々に変わっていく。

自動車交通の本格化は二〇世紀になってからである。イギリスは一八三〇年代に蒸気自動車を発明した国であるが、道路損傷や社会的規制などからこれはほとんど普及せず、一九世紀の終わりになっての内燃機関による自動車が実用化され、二〇世紀に入り自動車時代が始まっていく。道路の主役は、馬車から自動車に急速に移り、鉄道のシェアも徐々に奪い、二〇世紀後半には陸上交通全体を圧倒的な割合（交通機関別分担率八〇〜九〇パーセント）で担っていくことになる。

この間、鉄道は、一九世紀のレールウェイ・マニア以来の小規模事業者乱立時代から、第一次大戦中の国家管理下の時代を経て、四大鉄道会社に集約されていく。しかし、一九二〇年代から三〇年代にかけて道路交通との競合が激しく経営が苦しくなり、第二次大戦中における統合を経て、戦後は国有化されるに至る。以降、近代化計画により設備投資や経営合理化をはかるが、道路交通に対する復権は果たせず衰退が続き、赤字も累積。結局、一九八〇年代以降、分割・民営化・不採算路線廃止の道をたどっていく。

なお、鉄道により衰退しつつあった運河水運は自動車とも競合することとなり、商業利用に関しては、一部の広路運河とごく部分的な狭路運河を除いてほぼ終了、当然ながらその後の追加投資もみられていない。僅かに残っていた狭路運河の商業利用も、一九六〇年代はじめに起こった運河の冬季氷結を機に全廃されている。広路運河は、一部にその経済的優位性もあって二〇世紀後半にも命脈を保ってきたものの、地域における産業構造の大幅な変化から利用は一部に限られる形に推移している。

グラスゴーのクライド川（筆者撮影）

2　産業経済の変化

各国に先駆けて産業革命を達成し、一時はパックス・ブリタニカと呼ばれる世界的な地位を築いてきたイギリスである。しかしながら、産業革命が世界に波及するにおよび、工業生産ではドイツに追い越され、また、アメリカが圧倒的な力を持ってきた。二〇世紀後半には、植民地の独立から貿易上の優位性も失い、また、合成繊維など新素材の出現などもあり、かつて繁栄を謳歌した綿工業は見る影もなくなっていく。

イギリスでの石炭の賦存が産業革命の基礎であったが、鉄鋼業も競争力を喪失し衰退、石炭需要は減少し、主要なエネルギー源も石炭から石油に移るなど大きな転換が起こる。鉄を使った造船業や機械工業も国際競争に負け衰退の方向となる。

この産業の大変化は、イギリスの都市に多大なインパクトを与える形となっていく。とりわけ、産業革命時代に急成長したバーミンガムやマンチェスターをはじめとする工業都市の受けた衝撃は大きい。市街の中心部に位置していた運河や工場群は見捨てられ、次の産業も見当たらず疲弊を続け、いわゆるインナーシティ問題があちこちで発生する。

スコットランドの工業都市グラスゴーも同様であった。クライド川下流に位置するグラスゴーは、イングランド・スコットランド合体（一六〇三年）後に大きく発展し、産業革命時には石炭採掘や鉄鋼、化学などの工業が盛んとなり、一九世紀に入ると造船業が発達、スコットランド最大の都市になった。しかしながら、二〇世紀後半の産業構造の変化は、重化学工業中心のこの都市を直撃し、激しい疲弊をもたらした。

カーディフ湾（筆者撮影）

ニューキャッスルのタイン川（筆者撮影）

従来型産業を後背地に持つ港湾都市も同様であった。とりわけ、石炭の積み出し港として発展したウェールズのカーディフや、イングランド北東部のニューキャッスルなどは非常に大きな問題を抱えることになる。

カーディフは、ブリストル海峡最奥部北側のタフ川畔に発展した港湾都市である。ローマ時代以来の古い歴史を持ち、ノルマン人がウェールズ攻略の拠点として城を築き、中世には市場町として繁栄したが、一八世紀末にはまだ小さなまちにすぎなかった。一九世紀以降、南ウェールズ炭田の開発が進むと同時に、その積み出し港、また鉄鋼業の拠点として急拡大、海岸部に大規模な港を建設することにより、二〇世紀には世界最大の石炭積み出し港として発展した。ところが一九六〇年代に石炭の積み出しは停止し、鉄鋼業も七〇年代に終了した。ウェールズの首都であるカーディフの疲弊は、イギリスの抱える大きな問題となった。

また、ニューキャッスル・アポン・タインは、北海にそそぐタイン川の下流部にある古くからの都市である。一二世紀にはスコットランドとの境界地帯を守る要衝となり、城壁をもった商業中心地になった。羊毛の取引が盛んであったが、一六世紀には後背地に産出する石炭の積み出し港として発展する。産業革命期以降、豊富な石炭を利用した製鉄やガラス工業、そして造船業で栄え、一九世紀末には世界有数の造船基地となった。二〇世紀後半に入り、造船業が衰退、一九七〇年代には炭鉱も閉山となり、北部イングランド最大の都市として、失業や治安問題など大きなインナーシティ問題を発生することになった。

3　港湾の構造的変化

二〇世紀に至り、港湾側にも大きな変化が起こる。その一つは、海岸から離れて立地していた既存の港の海岸部の外港への移転である。主に船舶の大型化に対応するものであるが、この典型的な例は、ブリストルである。既に詳述した通り、ブリストル港は、川港としての条件不利を克服するため一九世紀

ロンドンの外港，ティルベリー港とフェリックストウ港の位置（Google Map）

初頭にフローティング・ハーバーを建設し、衰退を免れるというよりもむしろ発展してきていた。しかしながら、船舶の大型化には抗しきれず、一九〇八年にエイボン川河口海岸部のエイボンマウスに規模の大きなドックを造り、大型船の貨物に対応することになる。市内にあるフローティング・ハーバーは、シティドックとして中型船以下に対応し暫くは両者並存するが、シティドックの商業船は一九六〇年代になって急速に減少し、結局、一九六〇年代末にその役割を完全に終えることになる。現在においてもブリストルは、イギリスの主要な港湾の一つであるが、港湾物流機能は一九七〇年代末に追加建設した大型ドックを含め、全て河口海岸部の港が担っている。

二〇世紀後半における、最も大々的な外港への移動の例は、世界一の港湾を誇ったロンドン港である。ドックランズに並ぶドック群から、テームズ河口のティルベリー（グレーターロンドン内、ロンドン中心部から東に約四〇キロメートル）に港湾機能が移ったほか、ロンドン向けの貨物はフェリックストウなど大型の海港に分散移転し

ティルベリー港（筆者撮影）

フェリックストウ港（筆者撮影）

ている。この外港化を決定的にした背景には、貨物のコンテナ化がある。世界標準による港湾貨物のコンテナ化は、海陸一貫輸送としての高速化、効率化をめざす物流革命であり、国際貿易上必須となり港湾側は対応を余儀なくされた。ロンドン・ドックランズ（再開発計画での呼称）は、一九六〇年代から港湾機能の移転がはじまり、一九八〇年代までにすべてのドックにおける営業が終了した。

フェリックストウ港は、ロンドンから北東約一一〇キロメートルでサフォーク州の北極海側に位置し、現在イギリスの四〇パーセント以上のコンテナを取り扱っている最大のコンテナ専用港である。二・五キロメートルにわたる岸壁をもち、三〇基近いガントリークレーンが活躍している。岸壁の水深は一五メートルあり、世界最大級のコンテナ船が寄港できる。港湾施設は民間企業一社が所有しているほか、港湾地域の一部の土地はケンブリッジ大学トリニティカレッジが所有しているという特異な港である。コンテナの扱い量は、現在、二位がサザンプトン港、三位がティルベリー港となっている。

ロンドンのほか、リバプールも、従前のドックでは大型化、コンテナ化に対応できず、周辺に機能を移転、コンテナ対応も進めた。

コンテナ化により国際物流の姿は大きく変わり、従来の定期船では荷扱いで限界があった大規模化のメリットを追求することが可能になった。現在、世界の趨勢《すうせい》は大型タンカー並みの規模をもつ一〇万トン級の大型コンテナ専用船が、世界のハブ港湾間を行きかう形となっている。ハブ港湾からは、規模の小さなフィーダーコンテナ船が各地に向かうというのが一般的な図式である。コンテナ用クレーンを備えていない中小規模港湾では、RO-RO（Roll on, Roll off）船と呼ばれるフェリーのような斜路を備えた船が末端の輸送手段として使われている。これは、貨物コンテナを積んだセミトレーラーが岸壁から直接船内に入り、トレーラーヘッドを切り離して、後部のセミトレーラー部をそのまま積載したりする方法であり、イギリスやアイルランド各地の港でよくみられる姿である。

なお、イギリスでは消費財の輸入が多く、ロンドンが最大の最終消費地であるが、大手スーパーやメーカーの物流拠点は、地価の高騰もあり、イギリス中部や西部に広く分散している。そのため、荷揚げされたコンテナは、トレーラーによって内陸部まで輸送される。既に、鉄道既存線は、四〇フィート背高コンテナが載せられずダイヤも不安定で、一部の短距離輸送を除きあまり使われていない。

二〇世紀後半の以上のような物流の革命的な変化がもたらした都市への影響は大きい。従来の港湾地域は遊休地あるいは廃墟同然となり、地域における種々の社会問題も発生し、都市経営上の大きな課題となっていったのが、一九七〇～八〇年代の様相である。

4　経済停滞の時代（いわゆる英国病の蔓延）

第二次大戦後の一九四五年から五一年にかけてのイギリスは、労働党政権のもと、福祉国家を目指し、「ゆりかごから墓場まで」と称される手厚い社会保障制度を確立していく。同時に、石炭、電力、ガス、鉄鋼、鉄道などを次々と国有化、保守党政権の時代に一時揺り戻しもあるが、労働党政権は一九七〇年代に自動車や航空産業も国有化していくことになる。国有化による産業保護政策は、結果的に設備投資や技術開発を遅らせ、また経営改善も遅れ、国際競争力を失うことになってしまった。たとえば、基幹産業の自動車工場ではストライキが慢性化し、一方で日本の自動車産業の輸出拡大のあおりを受け、赤字経営が続き、壊滅的な状況となるに至った。

一九七三年からの二度にわたるオイルショックは、イギリス経済をさらに混迷状態に陥れていく。生産性低下、企業収益悪化、失業率増大、税収減少、財政赤字増大、ポンド下落と続く。製品は品質低下等から基本的に国際競争力が弱まり、ポンド下落にもかかわらず貿易収支が改善することはなく、財政も破たん状態であった。高率課税制度や失業保険の充実などから労働意欲も低下を招き、一方で賃上げを求めるストライキは多方面かつ全土で頻発し、各種の公共サービスも低下、イギリス社会は混迷を深めていく。いわゆる英国病の蔓延である。

一九七九年に保守党サッチャー政権になり、大ナタを振るった結果、徐々に事態は改善の方向となったものの、この戦後約三〇年間にわたった経済停滞の時代は厳しいものであった。都市整備においても、新しい公共投資や整備改善が凍結されていたとみても過言ではない。必要とみられていた道路投資も実行されず、疲弊した工業都市の荒れたインナーシティや、機能を失い見捨てられた港湾部の再開発は、遅々として進まなかった。

たとえば、バーミンガムの都心に残る運河地区ブリンドレー・プレイスは、そのままの荒廃した状態が続き、運河の水もゴミだらけの混濁した状態であった。マンチェスターのほぼ都心部、綿産業発祥の工場が立ち並ぶ地区アンコーツはスラム化し、運河もそのまま見捨てられていた。ブリストルのシティドックも周辺の一部は荒れたままになっており、道路計画で埋め立ても検討されたが果たされなかった。ロンドンのドックランズも、一九六〇年代以降のドック閉鎖に伴う再開発の意向はあったものの計画策定自体が遅々として進まず、実行はさらに遅れ、ロンドン・ドックランズ開発公社（ＬＤＤＣ）が設立されたのは一九八一年になってからである。

イギリスのこの停滞の時期は、日本では高度成長を謳歌していた昭和三〇年代から五〇年代のことである。東京湾や各地で埋め立てが進み、また、都心では首都高速道路が水面を覆いつつあった時代である。振り返ってみれば、イギリスは戦後の本来ならば成長を享受したこの時代に、政治的状況などから経済不振を極め、国家や市民は不幸な状態にあったが、一方で、都市の歴史遺産は荒廃しながらもほぼ凍結保存されたのである。とりわけ、再開発において最もスクラップの対象になりやすい、都心にあり用途を終えた運河や港湾などが、不幸中の幸いといっていいほどに温存されたのである。世界的に環境意識が芽生える以前で、経済発展優先の意識が強かった時代のことである。

4　水都に戻ってきた新たな光彩　一九八〇年代から現在まで

低迷していたイギリス経済が復活し、疲弊していた都市の再生もスタートする。ここでは、イギリス水都の再生である都心水辺の再生について、現在に至る状況および特徴についてみていく。

1　イギリス経済の再生

経済停滞の時期、イギリスは老大国と呼ばれていたが、一九八〇年あたりから勢いを取り戻す。アメリカの市場主義的な競争概念が世界を席巻しつつあった時代、一九七九年に登場した保守党サッチャー政権（一九七九〜九〇年）は、国有企業の民営化、規制緩和を大胆かつ強硬に実行していく。それまでの海外競争力低下からの脱却は大きな課題であった。民営化された企業は、生産管理面での日本のノウハウ、アメリカ流の管理手法やマーケティング手法を導入したりし、さまざまな面からの改革をスタートさせる。国民の株式所有も拡大していくことになる。以降、金融部門も息を吹き返し、外資企業は対英進出に積極的となっていく。イギリス産業経済の本格的な多国籍化の始まりである。

産業に占める製造業の比率は、先進国一般の経済高度化、産業構造転換で、既に低下していたが、製薬（たとえばグラクソ・スミスクライン）、航空（たとえば当時のロールスロイスやブリティッシュ・エアロスペース）などいくつかの特定分野ではもともと競争力の強い企業もあり、勢いを取り戻す。伝統のある流通、運輸、金融分野でも大きな変化とそれへの適応を経験していく。特に金融業は、イギリスの最重要産業の一つであるが、サッチャー政権下でのビッグバン、すなわち市場の開放は、外資のいっそうの参入を助成することになる。アメリカ、ドイツ、スイス系の金融機関がロンドン市場に参入、従前の小規模マーチャントバンクは買収され外資傘下となる。合併による銀行の大型化（たとえば、ロイズTSB、バークレイズ、HSBC）も進み、証券市場、金融市場は活性化、ロンドン市場は欧州では抜きんでた位置（二番手はフランクフルト市場であるが、差は大きい）を獲得することになる。資源・エネルギー分野では、北海油田開発や海外資源開発投資で、潜在的に大量の原油、石炭、天然ガスの保有国とみなすこともできる。都市経済と密接な関係にある観光業も重要な産業の一つであるが、航空業の競争的拡大（LCC等）、空港整備などインフラ面に加え、ホテルや観光資源の整備充実で、相対的に強い産業に育ってきている。

このようなことが相まって、近年のイギリス経済は、特に一九九〇年代後半から二〇〇〇年代前半にかけ順調な成長を遂げてきた。最近に至りやや厳しい局面はあるものの、中長期的にみれば、一九七〇年代当時の大幅後退に比べ、総じて好転してきたということができる。

従前からの産業に加え、近年イギリス各地で大きく注目されている産業が、いわゆる創造型の産業である。広告、放送などのメディア産業、デザイン、ファッション、出版、音楽、美術、舞台芸術などの文化芸術産業は、特に都市においての戦略的産業になってきている。パソコンソフトも一部ホビー向けでは比較的強い。これら創造型の産業に加え、サッカーなどスポーツ関連の産業も都市型の有力な文化産業である。

イギリスでは、特に一九九〇年代前半から若い世代を中心とした先端的な文化・メディア活動が活発化し、イギリス発のブランドやデザインも増加している。一九九七年からの労働党ブレア政権時代には、一時「クール・ブリタニア」というイギリス文化産業の戦略を象徴するブランドイメージの言葉も生まれるなど盛り上がりを見せた。その後、そのような言葉自体も陳腐化するほどに新陳代謝を繰り返し、創造型の産業はイギリス経済に定着、新しい活力の源泉の一つになりつつある。都市や地域側でも、かつての製造業誘致は今やなりを潜め、創造型の産業に対する思いは大変に強くなっている。これは、都市の再生に際して、地域特有の文化への着目、地域人材の育成・活用、地元の人々に対する場所のアイデンティティの再構築といった課題への鍵として当該産業が注目されているからである。また、それがひいては、新しい地域観光の振興、地域や全国あるいは世界からの若い人材の糾合、新産業創出、産業の高付加価値化といった地域経済政策の目標とも合致するからであるとみられる。

2　都市再生への動き

一国の経済再生とともに、具体的に疲弊した都市や地域の再生は、サッチャー政権の大きな課題でもあった。一九八〇年代、政府は、開発規制緩和、投資減税、重点的な公共投資配分を含めた地域限定的エンタープライズゾーンの採用などメリハリのある再生策を次々と打ち上げていった。国・地方間での保守党・労働党のねじれ現象もあって遅々として進まない地方政府の対応に業を煮やし、落下傘型に設立されたといわれるのが、各地における中央政府主導の都市開発公社（ＵＤＣ）である。ＵＤＣは、計画から許可そして基盤事業に至るまで国を背景とした強力な権限を持ち、重点配分的な補助金とあいまって、一九八〇年代における主要都市の都心部再生に多大な効果を与えたといえる。一九九〇年前後の不動産バブルが計画遂行や公社の財政に悪影響を及ぼしたものの、続く保守党メージャー政権（一九九〇～九七年）に至っても基本路線は引き継がれた。

各都市のUDCはそれぞれ約一〇年の時限となっており、解散後それを発展的に継承したのが、イングリッシュパートナーシップ（EP。二〇〇八年にホームズ・アンド・コミュニティズ・エージェンシー＝HCAに改組）である。EPは従前のUDCの地元事情軽視という批判や反省から、地元の自治体、住民、企業、NPOを含めたパートナーシップでの国との調整を付加したものである。バブル崩壊後に、メージャー政権が唱えた「バリュー・フォー・マネー」（VFM。支出額に対する最も価値の高い行政サービスの提供）の考え方に基づく、PFI（行政サービス提供への、民間の資金や経営ノウハウの導入）や、PPP（公的サービス提供における公共と民間の連携）などの流れの一つとしての施策でもある。これらはその後の労働党政権（一九九七～二〇一〇年）、現在の保守党政権（二〇一〇年～）においても大きな路線の変更はなく、むしろより戦略的に進められている。

このように、一九八〇年代以降のイギリスにおける都市再生は、①一国全体の社会経済復興をかけた強い目的意識のもと、中央政府主導型の全国における都市再生を当初の大きな流れとし、②政権変化や時代に応じたスキームの変更はあるものの、長期にわたり粘り強く継続実施され、③各地での経験や反省を取り入れ、地域密着型・パートナーシップ型に大きく移り変わってきている、といった流れである。歴史的に都市自治意識も強く、地域分権の流れの中で、都市間競争としても都市再生は年を経るごとに活発になってきているといえる。

各都市の都市再生の方向性として一役買ったのが、EUのサステイナブル・シティ戦略であった。一九八〇年代後半の国連ブルントラント報告「われら共通の未来」に端を発する地球環境問題の世界的認知は、EUの新しい都市政策を形成していき、EUが各国の地域自治体と連携を強くする方向となった。その中、イギリスでは自治体自身が積極的に、ブラッセルの本部と直《じか》に対応していく姿もみられた。サステイナブル・シティ戦略のめざす主な方向は、コンパクトな都市像、つまり都市外延部から都心部への回帰である。グリーンフィールドでの新規開発から、既存ブラウンフィールド再開発への方向転換であり、この方向性は、上記、都市開発公社(UDC)以降の政府のさまざまな施策によっても支えられ、都心部に残る水辺の再生ムーブメントへと結果的につながっていくことになる。

3　都心水辺の再生へ

都市再生の主な対象になったのが、古くからの、あるいは産業革命期の工業都市、港湾都市であり、そこでの再生プロジェクトは、荒廃していた工場跡地や港湾地区が中心であった。一部の工業港を除き、都市の形成過程あるいは往時の物流事情から、港湾や倉庫など港湾施設、運河などの水路、工場や関連の諸施設は、それぞれ関係しあって都心もしくは都心隣接地域に位置している場合が多い。したがって、イギリスの場合、都市再生はかなりの部分が、都心部の水辺を含む再生のプロジェクトである。

長い経済停滞の結果、幸か不幸か乱開発も少なく、ほぼ原型をとどめている施設が多く、加えて一九八〇年代後半からの市民における環境意識の高まりを得て、水面空間を含む都市の遺産を壊さずに再生する方向に、多くのプロジェクトが進んでいくことになる。この点において、一九七〇年代後半以降盛んに進んだアメリカのウォーターフロント再開発と比較し、産業施設や土地の用途転換事業としては類

マンチェスター・サルフォードキーのメディアシティ UK（筆者撮影）

似しているものの、内容や趣《おもむき》にかなりの違いがあるといえる。

これまで、イングランドではロンドン・ドックランズを筆頭に、リバプール・マージーサイド、ブリストル・ハーバーサイド、ニューキャッスル・キーサイドなどの港湾地区、内陸の都市でも、バーミンガム、マンチェスター、リーズ、シェフィールドなどの運河集積地区で、続々と競争的に水辺再生が進んでいる。さらに、スコットランドではグラスゴー・クライドサイド、ウェールズではカーディフ・ベイ、北アイルランドではベルファスト・クィーンズアイランドの再生がそれぞれ代表格である。このほか多くの中堅中小都市、たとえばレディング、ノッティンガム、ハル、グロースター、スウォンジーなどでも盛んに展開されている。

これら水都の水辺再生の方向の一つは、特に大都市あるいは地方の中核都市では、やはり新しい都市型産業の拠点創造である。金融センターの基盤強化をめざしたロンドン・ドックランズのキャナリーワーフは、既に稼働して久しく、今やシティを超える多国籍金融関連企業の世界的な集積となっている。メディア産業の集積をめざすマンチェスターのサルフォードキーは、

ハルの旧ドック内の水面上に建設されているプリンシズキー・ショッピングセンター（筆者撮影）

BBCを中心にメディアシティUKとしてほぼ完成し、名実ともにイギリスのメディア産業の一つの中心になりつつある。アルバート・ドックなどマージーサイド港湾施設の再生を終え、二〇〇八年に欧州文化首都に選ばれたリバプールは、その後、観光を含めた文化主導型の都市経済再生を続けている。コンベンションをベースに芸術文化産業に力を入れはじめたバーミンガムは、運河集積地区ブリンドレー・プレイスを様変わりさせ、これまでの工業都市のイメージを一新させている。ブリストルの広大な旧シティドックは完全に市民利用の水空間となり、かつてのイギリス第二の都市としてのシティ・プライドをあらためて喚起しつつあるなかで、メディア・プロダクションや金融保険、航空機産業などの都市型産業や先端産業の人材を糾合している。このようにイギリスの都市それぞれが、独特の歴史や将来を意識したユニークな水辺再生を進めてきており、現在も進行中である。

イギリス都市の水辺再生は、上記のようないくつかの特定プロジェクトだけでなく、既に多くの都市で広範に行われている。たとえば、ロンドンのセント・キャサリンズ・ドックは高級水辺住宅となって久しく、リージェント運河やグランドユニオン運河周辺は、メディア工房やデザインオフィスの格好の立地点となり、運河に面する水辺住宅は市民の垂涎《すいぜん》の的である。リージェント運河につながるパディントン・ベイスンは、水面を軸に、街区に水を取り込んだ形で新しいオフィス等の建物群を構成させている。テームズ川やその川べりの新しい利活用は、水上交通やアミューズメントをはじめ、今や百花繚乱であり、一〇年前あるいは二〇年前とは両岸の風景もかなり異なっている。最近ではタワーブリッジ直近のハーミテージに多数の帆船を利用した芸術家の水上コミュニティも形成されるなど、意表をついた利活用も現れている。

バーミンガムの運河地区再生．都心部ブリンドレー・プレイス（筆者撮影）

リーズの運河地区再生．運河沿いの住宅（筆者撮影）

マンチェスターなど地方の都市でも同様で、地域内で多発的に再生が進んできている。一つの再生経験が、次の再生を引き起こすという連鎖反応でもある。中長期的には不動産価格も相対的に上昇し、次の投資を引き起こす要因となっていく。ブリストルのハーバーサイドの再生事例をみても、都市の水辺空間の

ノッティンガムの運河地区再生，人々が集まる運河沿いのパブ（筆者撮影）

快適さが創造的な職の空間、あるいは新しい住の空間として人気を集めている。また、水辺のレストランやパブが賑わい、ホテルも新設されるなど、いわば遊の空間が昼夜問わず人を呼び、新しい賃借や投資を導いている。都市に集まった人材は地域の産業活力のベースとなる。今や、地域の産業基盤は、人間のクオリティ・オブ・ライフのための都市インフラとかなり接近しているということができよう。

新規の、あるいは急ごしらえの薄いアメニティではなく、年月を経た文化遺産や文化的伝統を踏まえた固有の都市景観やアメニティがまさに創造のための風土となることを、イギリスの多くの都市が認識し出したようにみえる。港湾や運河遺構の活用が活発な背景は、それらがイギリス都市の都心再生地区に比較的多く遊休施設として存在しているという理由だけではなさそうである。水辺は、それのもつ空間的な広がりや動きとともに、

ロンドン，パディントン・ベイスンのオフィス開発（筆者撮影）

ロンドン，テームズ川・ハーミテージの帆船集落「フローティング・ビレッジ」
（筆者撮影）

時間的な流れの軸を直感的に想起させ、創造力をかき立てる舞台装置として役立つということを、地域のプランナーが体得し積極的に活用しはじめたからかもしれない。都市再生ツールとしての創造型産業振興のめざすものは、失業や都市の疲弊を防ぎ、さらに発展させる地域活性化のための次の産業の創造ではある。しかし、その真意は、経済的な戦略ツールとしての文化芸術やアメニティを超え、創造された文化芸術やアメニティそれ自体が都市の新しい誇りを生む、次の進化過程に向けての、都市ルネッサンス運動を目指しているといってよいとも思われる。

4　都心水辺再生の情感

イギリスの都心の水辺再生を、運河を例にふりかえってみたい。

かつて、産業上の必要性と投資家の思惑が重なって構築されたイギリス独特の都心の運河。それは、時代とともに見捨てられ、埋め立てられようとしたこともある。ほんの僅か細々と使われていたこともあるが、戦後すぐ商業利用は完全に終焉する。残された運河は経済の後退から埋め立てや再開発もままならず放置。その間、経済一辺倒の忙しい時代から、地球環境や地域環境に意識がシフトし、人々がスローな生活に戻ることを欲する時代に変わる。

イギリス経済は息を吹き返し、今また、市や市民そして投資家も、一段と違う目線で運河の水面をみるようになっている。都心の運河周辺は徐々に住宅やオフィスの一等地に変身しつつある。そんな場所を少し歩いてみる。

ロック（閘門）によって水位調節された運河の水面は、人の接近が容易である。かつて馬が船を曳い

ロンドン，ドックランズ・キャナリーワーフ金融街（筆者撮影）

た側道のトウパスは、今や恰好のフットパス（歩道）である。色とりどりにデザインされたナローボートを見ながら楽しげに散歩する老若男女がいる。飛び立つ水鳥が水に白い跡をつけている。ロックの開閉はボート乗員のセルフサービスによる人力式。その緩慢な動作は、なんとも牧歌的である。ヒューマンスケールといってよい空間、時間がそこにある。

現在、イギリス（イングランド及びウェールズ）の運河および側道は、チャリティ法人のキャナル・アンド・リバートラスト（スコットランドは別法人）が相当の予算を得て維持管理をしている。同法人は、公益法人であったブリティッシュ・ウォーターウェイズの業務と資産を受け継ぎ二〇一二年に設立されたもので、政府補助金と利用料収入および寄付金を主な原資として運営されている。ブリティッシュ・ウォーターウェイズ時代からの運河周辺の不動産を所有、再開発の一主体にもなっており、その含み資産はかなり大きい。なお、近年のこの運河管理組織の変更には、徐々に政

ロンドン，グランド・ユニオン運河とフットパス（筆者撮影）

府補助金を減らし、国家管理から市民主体の管理へという、新しい公共への移行の意志をみることができる。

産業的には疾《と》うの昔に用済みとなった運河を再度丁寧に保守しはじめているイギリス。その背景には、それが重要な環境資源、文化資源であるとの市民のコンセンサスがある。と同時に、都市経営の経済計算上からも新しい意義を見出しているという点がある。人々の都心への回帰を通じて、付加価値の高い新しい創造型産業の吸引力そのものにもなっているからである。

トウパス変じてのフットパスは、運河とセットになっており、誰でも運河沿いを歩くことができる。そこにはイギリスに古くからある、いかなる者の所有地であろうと昔から通路として使われていた道を歩く権利、現在では法的にも裏打ちされている通行権という考え方の存在がある。キャナル・アンド・リバートラストは、多くの市民が運河にアクセスできるよう、ユニバーサルデザイン化に熱心。ディテールな案内板一つとってみても暖かそうな親切心がにじみ出ている。より多くの市民に、自然も豊かな、歴史的な運河に親しんでもらおうということであろう。ちなみに同トラストのモットーは、「人々、自然、歴史のつながりの維持」（"Keeping people, nature and history connected"）となっている。

運河の時間はスローである。ナローボートからは暖房に使うのであろうか、薪の煙が漂ってくる。側道を歩くと、水と人のかかわりあい、等身大のスケール、自然エネルギー、歴史への思い、などなど、急ぎ足の自分たちが忘れかけていた事柄を、未来への道として身体感覚で思い出させてくれる。現在進んでいるイギリスの都心水辺再生は、まさにこのような情感をも持ちあわせている。

終章　イギリスとブリストル　水都の特徴

これまで、水都ブリストルについて、そのポイントとなるフローティング・ハーバーを中心に、都市形成の歴史をみてきた。そして、ブリストルのポジションをみるために、イギリスにおける水と都市の関係、水都の成立、発展あるいは衰亡を、大きく時間を追って都市を共時的にみてみた。このような中から浮かび上がった、イギリスの水都全体の特徴、そして、その中におけるブリストルという水都の特徴を再び確認してみたい。

1　挑戦と応戦のダイナミズム

イギリス水都の歴史を一言でいうならば、「挑戦と応戦のダイナミズム」といったような表現が適切かもしれない。外からの「挑戦（チャレンジ）」と、それに対する自身の「応戦（レスポンス）」は、いうまでもなく、イギリスの生んだ稀代の歴史家アーノルド・トインビーの一貫して使った主題である。

イギリスにおける水都への挑戦は、さまざまなところから間断なくやってきた。地勢上からくる外敵侵略、特異な自然条件、貿易国ゆえの世界経済情勢、産業や技術の革命的変化、さらに、都市間の熾烈《しれつ》な競争、社会や市民の価値観の推移、などなど。それに対する、各水都の応戦は、まさに見ごたえのある劇場的な物語といってよい。もちろん、応戦ならず、舞台から一時去ることを余儀なくされた都市もあった。しかし、多くの水都は、彼らの類《たぐい》まれな知恵や構想力、勇気あふれる実行努力、練達した都市経営によって果敢に応戦。荒波を乗り越えたのみならず、それをさらに推進力として、パイオニア的あるいは世界に冠たる実績を残している。今日、われわれがイギリスの水都を歩くと、その姿や歴史をまさに目の当たりにすることができる。

初期イングランドのいくつかの水都の立地は、外敵の襲撃からいかに都市を護るかがポイントであった。一方、交易上の競争から利便性、開放性の必要もあった。この微妙な両面の課題への応戦としての一つの解は、海から適度な距離をもった内陸部の川港としての都市の立地であった。コルチェスター、グロースター、ノリッジなどの水都、そしてロンドンもその一つであった。ブリストルはその最も典型的な例で、セバーン入江に開きつつ、エイボン川の地形を利用しての守備という両面を見事なバランスで可能にした港と都市の立地であった。川港ブリストルの位置は、また潮汐の要因によっても決まってきていた。

イギリスの水都をめぐる自然条件の特異さの一つは、日々の潮汐である。場所によっては一四メートルにもなる干満の差は、われわれ日本では想像もつかないものである。海岸あるいは河口に近い水都は、それへの対応が最大の課題の一つといってよい。初期の舟運では、むしろそれを逆手にとり、川をさかのぼる推進力として活用し優位を保つ水都もあった。ブリストルを流れるエイボン川の干満差は最も特異であったが、ブリストルはそれをうまく利用したのであった。その利用の限界地点が初期ブリストル港の立地選択でもあった。

しかし、荷が増え、往来が頻繁となり、また船が大きくなるにつれ、干満差はまったく不利な条件になってしまう。この自然的悪条件への、各水都の応戦はまた、まさに見事であったといってよい。ロック、ドック、ベイスンなどを、それぞれの水都が固有の地形や場所的条件を最大限活かしながら構築していった。ブリストルは、この応戦に少し遅れをとったが、それは、ブリストルのもつ特殊条件下での解が他港にくらべかなり難解であったためでもある。壮大な規模でのフローティング・ハーバー造りとなり、資金的にも大変であったが、ブリストルはそれを、とくにお手本もない中で断行したわけである。呻吟した挙句《あげく》の決断であったが、その背景には、当時の主体であったマーチャント・ベンチャー協会の誇りと勢いがあった。結果的には大成功といってよい。そしてそれが、世界の海に乗り出す拠点、パックス・ブリタニカの初期の原点の一つにもなっていったのである。

イギリスの水都における、ヨーロッパ大陸諸国、そして、アメリカ新大陸やアフリカ、アジアとの密な交易は、水都の在る態様が、時代の交易品そのものに時宜を得てあるいは先んじて適応したからとみなすこともできる。いい換えれば、交易品を最初から持っていたのではなく、積極的に創っていったのである。たとえば、近世初期に毛織物が有力な輸出品となっていったのは、その貿易展開の動向に同期し、水都後背地の産業構造を毛織物生産に最適な姿で形成する努力をしていったからと考えてもよいであろう。毛織物生産は、後背地と水都を結ぶ河川ネットワークなど物流インフラの構築とも深い関係性をもっていた。水都ブリストルを例にとれば、初期の毛織物貿易では、セバーン川の交易システムをはじめ、周辺の毛織物産地を結ぶ河川水路ネットワークが整備され機能していたのである。また、新大陸との交易もしかりである。それが拡大する時代のなかで、ブリストルは、砂糖精製、ガラス製造、真鍮品製造など貿易関連品の工場の立地や、造船業の展開を大いに進め積極的に応戦していったといえる。

産業革命の時代、動力源としての蒸気機関が出現し、燃料や鉄鋼生産に大量の石炭が必要となってきたのに対し、ミッドランドやランカシャーの地域では、内陸丘陵部に産する石炭を効率よく運ぶため、新規に運河網を構築していく。そして、内陸工業都市としてのバーミンガムやマンチェスターなどが急速に発展する。見方によっては、これら産業革命の中心都市も、まさに水都である。なぜならば、これらの都市は運河網がなければ成立しえず、蒸気機関の出現という技術上の挑戦に対し、石炭産地を中心とする運河構築によって応戦した結果、形成されたということができるからである。背景に、運河事業の収益が見込まれたためという動機はあったにしても、地域としては歴史的に大きな応戦である。

同地域は、また、インドや新大陸との交易の拡大という新事態にも応戦。港町リバプールのドック建設を中心とする展開や、マンチェスターなど工業都市との新規運河による連結がその一つである。この積極的な努力によって、世界に君臨する工業国としての地位、世界最大の工業地帯としての栄誉を得たのである。この間、ブリストルは、後背地に石炭や鉱石資源がある程度はあったものの相対的に多くはなく、ミッドランドやランカシャーのような著しい工業発展はしていない。しかし、フローティング・ハーバーは、むしろ蒸気船時代を迎えて利用価値が高まっていく。水面が静穏であるがために、ニューカット流路の潮力を利用する小型船以外は、動力が必要であったからである。ブリストルはこの産業革命期、フローティング・ハーバーの存在によって安定的な発展を遂げたのである。多様な製造業が集積、技術も蓄積し、たとえば大型蒸気船を造ることができたのもフローティング・ハーバーがあったからこそである。しかし、ブリストルにはやはり次の挑戦がやってくる。それは、船の本格的な大型化である。これには外港の建設で応戦したのは既述の通りである。

イギリスの水都において、このような、各種の挑戦は次々と現れ、それに対する積極果敢な応戦が間断なく続いていく。

二〇世紀後半において、ロンドンなど大型港湾を根本的に揺るがした流通技術上の挑戦は、いうまでもなく海陸一貫輸送に対応した世界的なコンテナ化の波である。貿易立国イギリスは、当然ながら、これに積極的に応戦している。大型のコンテナ専用埠頭をフェリックストウやティルベリーなど海側や河口に立地、その整備のスピードもきわめて速いものであった。

このいわゆる外港化の反作用から、水都への新たな挑戦が次にまた生起してくる。旧港の衰退である。全国的な政治経済や、地域の社会的経済的事情もあり、若干時日がかかったものの、結果的には見事といってよいほどに応戦を完了、あるいは現在進行しつつある。ロンドン・ドックランズの大規模再開発を筆頭に、リバプールやブリストルなど旧港の用途転換を伴う都市再生は今や目を見張るものがある。

中小の港湾あるいは内陸部の水都においても、物流の陸上輸送へのシフトや地域産業構造の変化などから、かつて繁栄した都心水辺の疲弊という課題が生起していた。しかし、今や、イギリスのほぼ全ての水都において、それへの応戦はたいへんに進んでいる。水辺を含む都心部の再生は、各都市の間で競争裏に展開し、まさに驚くべき百花繚乱の状態にある。それぞれの都市には、当然ながら固有の条件や課題が存在する。イギリス各地の水都を歩いてみると、それぞれの水都で、地域社会の状況や市民の価値観に合致する方向での独特の解を探す努力をし、工夫し、実行しているようにみえる。瓜二つのものは存在しないといってもよい。

イギリスは、大航海時代から近代に至るまで、世界の海に君臨していた国であり、港湾や海事に関しては膨大な知識と経験、そしてさまざまな遺構を有している。いわば中世あるいは近世以来の水都の歴史大国である。加えて、水運と深く関係する商業、工業で世界一を誇った資本の国である。さらにいうならば、戦後きびしい経済停滞も経験し、また規制緩和や官民連携による復興も目覚ましかった国である。地方分権も進み、独自の地域政策も多くとられている。このようなことを考え合わせると、水都研究の対象としては極めて重要な地域ということができる。

イギリスの水都が、それを取り巻くさまざまな環境の変化にいかに対応し、いかに新しい空間や構造を創っていったか。それらを、挑戦と応戦の歴史的視点で読み解くのは、とても興味深いものである。このダイナミックな視点に立つと、変遷著しいイギリスの水都は、俄然、汲めども尽きない話題をもった対象として私たちの前に現れてくる。

国により時代により、そして、よりミクロ的には、場所によっても、ものによっても、挑戦は千差あり応戦も万別である。挑戦が外発的とすれば、応戦は内発的といってよい。内発的発展は、あくまで多系的であり多彩である。一つの形をめざす固定的なモデルといったものはなく、しいていえば、相互にお手本交換となる個性と個性の鮮やかな展開である。先進事例とか先進モデルなどというものは存在しないといってよい。

2　再生への漸進的プロセス

イギリスの都市における都心部水辺再生を通して、プランニング上の一つの大きな特徴を見いだすことができる。いくつかの都市の事例を振り返ると、①ロンドン・ドックランズは、キャナリーワーフの開発を頂点として一応の完成的なまとまりを得、先般のオリンピックを機会に次の東側の再開発地域に事業を展開しようとしている。もともとＬＤＤＣの計画スタイルは逐年のローリング（見直し）方式であった。現在、再開発の主体はＬＤＤＣから地元に移っているが、また一つの大きなローリング時期にあるといえる。②リバプールは、リバプール・ビジョンのもとに、先行したマージーサイドの再生を中核的な母体として、戦略的に文化首都指定などを得、評判を上げながら徐々に再生の新たな面的拡大・発展を進めている。③バーミンガムは、空港近くでのコンベンションの経験を積み上げた上で、次に運河再生を含む本格的な都心コンベンションゾーンを完成、その基盤の上に立ち、さらに芸術文化の都市戦略を構築しつつある。そして、④ブリストルは、港湾機能の移転以降、さまざまな議論を繰り返しながら、ロイズＴＳＢ全英本部のハーバーサイド立地を再生へのきっかけとしキャノンズ・マーシュ周辺を再生整備。それを大きな核として、その後、一つ一つ、ハーバー・フェスティバルなど各種のイベントも繰り返しながら、ゆっくりではあるが着実に港湾地区の再生事業を展開させてきている。

以上の事例に共通する点は、大なり小なり、一応の核となる母体を創りあげ、それをもとに、漸進的発展を進めているという実態である。最初から全ての全体詳細計画を確定するのではなく、逐次、見直しながら計画を立てていくというＡいわばラーニング・バイ・ドゥーイング、ドゥーイング・バイ・ラーニングの姿である。大きな方向性としてのビジョンはあるものの、具体的な形としては時々刻々変化する時代環境の中でどのように展開するのか、当初に予測は不可能である。しかしそれがまた、都市の発展において人々の参加を可能にしていく魅力ある点でもある。

時代の環境変化を常に取り入れながら、進化させていく計画の方法は、とりわけ、再生当初において住民が存在しないか極端に少ないことの多い港湾や工場跡地などの地域を扱う場合に有効な手段であろうとみられる。徐々に住民を引き寄せつつ、あるいは関心を生み出しつつ、それを母体として、次の発展を考えるという漸進的で進化的なプランニングは、まさに、芸術文化や厚みのあるアメニティを志向する創造的な都市の再生手法としてふさわしいものと、イギリスの都心水辺再生から学ぶこともできるのである。

イギリスの都市は、それぞれが歴史的にかなり錯綜した複雑な経験を持っている。大きな歴史の流れの中で、その時々の環境に適宜対応努力しつつ、浮沈を繰り返してきたといってよい。とりわけ産業面において、産業革命という人類初の大転換を、特に何らのお手本もなく自ら開拓し、試行錯誤し発見しつつ進め、形をなしてきたパイオニアの国である。交通を見ても、もともとは道路、運河、鉄道、どれもそれぞれの地域あるいは投資家がそれぞれの思惑や必要性からはじめ、それらが集積して全体の形をなしたのであり、最初から全体の青写真があったわけではない。追随すべきアプリオリなモデルや、きっちり描かれたプランがあって進めるというよりは、いわば自己組織化的なプランニング・プロセスに慣れた国なのかもしれない。

二〇世紀後半以降においても、先進国初の大きな経済停滞を経験し、克服した経験の上に今日がある。近年の中期的な経済状況は往時に比べれば悪くはないものの、二〇〇八、〇九年とマイナス成長を経験し、その後は回復基調になってはいるが総じて僅かな成長にとどまり楽観できない状況にある。EUに属しつつ、ユーロ貨幣圏とは一定の距離を置いた経済運営をしているが、近時の厳しいユーロ圏の影響は免れない。国際経常収支は恒常的に赤字で、国家財政も多額の赤字を抱えている。製造業は相対的に弱く、一方で金融などサービス業が強いものの、二〇〇八年アメリカ発リーマンショックの直撃を受け、先進国の中でも景気が特に急下降した例など、リスクに脆弱な構造もある。

いってみれば、ロンドン金融市場の世界地位が一〇年後にどうなるかの予断はまったく許されないのである。これは、たとえば、都市水辺再生で現状では一応成功例とみられるドックランズ・キャナリーワーフの状況が今後どうなるかわからないのとほぼ同義である。このような将来の環境変化の存在を前提にしたうえで、果敢に見えるほどに再生事業を進めているのが現在のイギリスの特徴である。再生事業の多くは、事業主体が民間あるいは官民連携であり、当然ながら個別の経済計算は冷徹に行った上での事業である。これこそがプロのプランナー集団の力量そのものである。

プランナーの育成を地域の大学が担っている例も多く、研究活動を含め、地域の自治体と大学の関係は、建設系学部や大学院ではかなり密である。たとえば、ブリストルには、ブリストル大学や西イングランド大学がある。両大学は、一八世紀以降のマーチャント・ベンチャー協会の教育機関の流れを汲み、さらにそのルーツは一六世紀末の船員子弟のための学校であり、都市ブリストルとの関係は深く長い。大学と地域との関係強化は、日本でもいわれて久しく、本格的にはこれからであるが、この分野の先進地ブリストルをはじめイギリスから学ぶべきものは多い。

3　水辺再生への市民の参加

イギリスは、歴史からして地域間経済格差の大きな国である。ロンドン、スコットランド、イングランド南部など経済力が比較的高い地域と、ウェールズ、北アイルランド、イングランド北部など低い地域の一人当たりGDP比は、ほぼ二倍である。景気後退などの影響は経済後進地域の都市では増幅して現れることが多く、計画は慎重にならざるをえない。また、購買力がこれほど違うと、都市再生も一律の似たような形では進まない。都市ごとに身の丈に合った形で、少しずつ戦略的に重要な部分から徐々に進めていくしかないわけである。地域経済格差もさることながら、さらに個人々のベースに至ると、イギリスは多民族国家で、所得格差はきわめて大きく、生活や考え方もさまざまである。

それゆえにこそ、再生プロジェクトの計画・遂行に当たっては地域における市民参加が重要であり、現に今や住民との協同を積極的に進めていない都市はない。住民の側も熱心で、たとえば、マンチェスターで現在進行している再生プロジェクト、アンコーツ地区では、住民たちがアンコーツ・キャナルプロジェクトと称するグループを結成し、運河の所有管理主体であるキャナル・アンド・リバートラスト（前身は公益法人のブリティッシュ・ウォーターウェイズ）とパートナーを組み、さまざまな活動を繰り広げている。そこでは、マンチェスターカレッジの建設系の教員や学生が加わり、また、宝くじ基金などからの支援を受けているザ・チャレンジ・ネットワークほかいくつかの団体のスタッフを糾合し進められている。

　プロジェクトの維持保全についても同様で、住民の有志が活動している姿はあちこちで目にすることができる。ブリストル・フローティング・ハーバーの蒸気船運航や蒸気クレーンの動態展示はボランティアが担い、マンチェスターのブリッジウォーター運河のゴミさらいや、バースのケネットエイボン運河のロック保守は、キャナル・アンド・リバートラストの会員が楽しみながらやっている。そのバックアップやプラットフォームは、前者は公共のブリストル・シティ・カウンシル、後者はチャリティ法人のキャナル・アンド・リバートラストが提供し、まさに公・民（市民）連携して活動していることがよくわかる。これらはごく一例であるが、そこにはイギリスの「新しい公共」の姿が垣間みられる。

　このほか、イギリスの都市水辺再生の現場を歩いてみるとすぐに気がつくことは、情報提供の豊富さと巧みさである。博物館では、都市の歴史から現在の再生を丁寧に説明し、自分のまちに対する関心と参加意識を高める工夫が凝《こ》らされているところも多い。ビデオや模型を使い、あるいは場合によっては現物を展示したり、ボランティアの説明員を置いたりしている。博物館の立地場所も工夫されており、たとえば、リバプールはマージーサイド、ブリストルはハーバーサイド、ロンドンはドックランズとまさに再生の現場である。建物も再生利用されたものが多く、博物館自体が都市再生の見本となっている。いうまでもなく、都市や港湾再生の展示をしている博物館はほぼすべてが無料である。子供向けの展示も工夫されているところが多い。先生が小学生を連れ、子供たちがワークシートを持ちながらいわゆる社会科見学にきている姿もよくみられる。大人子供の双方に将来につないでいこうとする努力がうかがわれる。地域の図書館でも、再生計画の報告書や文献が専用の棚に置いてあるのをよくみかける。また、地元有志による再生地域の歴史発掘活動のレポートなどもあり、イギリスでの都市再生における地域と市民の重層的なつながりをあらためて感じさせる。もちろん、市や再生計画主体においては、模型などの展示や情報提供は本格的である。近時ではウェブサイトによる情報提供もかなり詳細かつ親切なものが多い。

ブリストルは、歴史的に市民参加の都市である。民間団体、マーチャント・ベンチャー協会のフィランソロピー活動の伝統は、コルストンの活躍した一七世紀以来続いているし、ブリストル市民の社会活動への意識も今もって高い。一八世紀、橋通行料の値上げや再開発に異を唱えたブリストル・ブリッジ暴動に代表されるように、都市の開発や運営に対し市民の目が厳しいのもブリストルの伝統である。ハーバーサイドの開発に、当初、計画地区にまだ住民がいないにもかかわらず、景観問題をはじめとする多くの問題提起や提案をしてきたのも、地域のアメニティグループや建築家たちであった。恒例となったハーバー・フェスティバルなどのイベントも、もともとは市民サイドの動きからはじまったものである。行政側が、このような市民の活動を重視するのもまた、ブリストルの伝統である。日常的なハーバー自体の維持、そしてハーバーサイド再生の眼目は、全て広い意味のプレジャーだからである。VFM（バリュー・フォー・マネー）の考えのもとに、いかに市民の力を活用し、経済的・持続的に目的を達成するのかが、重要な市の政策でもある。

4　シティ・プライドと水都

ブリストルの市民参加をみていると、強く印象に残る点がある。その人たち自身が楽しんでいる、ということである。ボランティアであるから、当然、楽しみながらということになるであろう。しかし、何回もみていくと、それが単なる楽しみのためだけであろうかと疑問を持ってしまう。たとえば、ハーバーサイドの蒸気クレーン。夏の暑い日、石炭の熱いボイラーの前で、機械の油まみれになりながら、機敏に身を動かし小気味よく稼動させている。一方、ハーバーに浮かぶ、ジョン・キャボットの船と同形レプリカのマシュー号。冬の寒い日も、中世風のシャツを着て、ロープ裁きも鮮やかに帆を揚げ、帆をたたみ、子供たちを乗せて運航している。

忙しい彼らと声を交わしてみる。ほんの短い会話の中に、ブリストル、そして、ブリストリアンという独特の強いアクセントをもった言葉が何度出てくることであろうか。感じられるのは、ブリストルに対する強い誇り、シティ・プライドである。とりわけ、ハーバーサイドにはそれが強くにじみ出ているようである。岸壁にある小さなホットドック屋の店員もしかり、また、港の遊歩道を散歩している親子連れもしかり、皆なんとなく胸を張っている。ブリストルの港が華やかだった頃を、思い描いているのだろうか。ある種の誇りをもって、ボランティア活動をし、商売をし、また時間をすごしている。

このような雰囲気は、ブリストルに限らない。バーミンガムやマンチェスターの運河でも、また、ロンドンの運河沿いでも、テームズ川に浮かぶ帆船集落でも、小さな港町グロースターのドックでも、あげればきりがないくらいである。イギリスの水都すべてがそのような感じを持ち合わせている。世界の海洋大国イギリス、最初の工業国家イギリス、その実際を担った各地の水都の現場。そこにはそれぞれ強い独特の場の魂というようなものが宿っているに違いない。その場に身を置くと、その魂が乗り移ってくるのだろうか、まちのアイデンティティを、そしてその市民である誇りのようなものを自然に感じるのかもしれない。

市民におけるシティ・プライドの育成は、都市づくりにとって重要なものである。たとえて考えてみよう。池にごみや汚水を流さないのは、それが自分の池の場合か、親しい人の共有物である場合である。見ず知らずの人との共有物の場合は、やはり荒れ果ててしまうのは、いわゆるコモンズの悲劇として生物学者ギャレット・ハーディンの有名な命題である。都市は、いってみれば共有物であるから、その維持保全には、まずは市民がお互いに親しくなる必要がある。コミュニティづくり、すなわち成員間における信頼関係の構築である。

もう一つ、コモンズの悲劇を避ける方法として、池でたとえれば、竜、ドラゴンの存在がある。竜がいれば、怖くてごみなど捨てられない。きれいにすれば聖なる竜がよろこび讃えてくれる。つまり、池に竜がいればよいのである。本当は、竜は池にいるのではなく、人々の心の中にいる。その心の中の竜があい呼応し共鳴するのであろう。竜の存在により池がきれいに保たれるのは、竜を介しての間接的な信頼関係の存在であり、お互いの心の竜による無言の信頼関係である。すなわち、直接は声をかけない知らない人々の間でもコミュニティは構築できるのである。竜、ドラゴンは、都市でいえば、シティ・アイデンティティあるいはシティ・プライドでもある。「ブリストリアン」というシティ・プライドは、ブリストルに棲む竜であり、期せずしてブリストルのまちの保全やブラッシュアップに連動していく。イギリスの水都は、このシティ・プライドを構築するのに、まさしく適した場所である。必ず過去の輝きがあり、それが目にみえる遺産として残っている。シティ・プライドは、栄光の過去に思いをはせるのみならず、その延長として、やはり都市の未来への思いにもつながっていく。それは、市民参加への深く強い原動力でもある。

さて、問題は、竜すなわちシティ・アイデンティティを知らない人、ニューカマーである。来場する新来者には二色ある。一つはよそ者、他の地域や国から移り住んだ市民である。イギリスは伝統的に移住者が多い国であり、ブリストルも例外ではない。もう一つは、未来からのニューカマー、すなわち子供たちである。そのような人たちや次代を担う子供たちの心の中に、竜、シティ・プライドを育成する必要がある。

ブリストルでいえば、ハーバー・フェスティバルは、その竜の卵の植え付け、育成にもってこいの役割を果たしている。ブリストルとは、こんなに偉大なまちだったのだということを、すぐに皆が理解することができるほどの盛り上がりである。また、プレジャーを旨とするハーバーサイドは、自然に人々の足をそこに向かわせる。ハーバーサイドは、市民が日常的に行く場である。そして、そこに佇《たたず》み呼吸するだけでも、フローティング・ハーバーの壮大な遺構から、知らず知らずのうちにシティ・プライドが身についていく。

子供たち、青少年の心への、シティ・プライド育成は、さらに積極的である。新装なった博物館M-Shedの展示は、大人向けのレベルの高いものであるが、館内の雰囲気としては、すべて青少年向けといっても過言ではないくらい教育的なものである。楽しみながら、自分たちのまちブリストルを知っていくことのできる、最新の展示技術の粋を集めたようなミュージアムである。いうまでもなく、一般にイギリスの展示技術は相当にハイレベルである。単に物を並べるというよりは、何かを伝えたいという意思が必ず存在し、また、物だけでなく、人も十分配置している。もちろんほとんどがボランティアであり、説明人というよりは、相手に応じて対応する教育者としての訓練を受けているようである。

前述の、船やクレーンなど各種施設の動態展示も一つの教育施設である。電動の背高クレーンには子供たちが乗る順番を待っている。港湾内で利用されていた鉄道線路もずいぶんと改修し延伸、子供たちを乗せて楽しませている。引っ張る蒸気機関車には、メイド・イン・ブリストルの真鍮版が磨かれ光っている。誇り高く走っているようだ。水面にはこれまたブリストル製のマシュー号のほか、蒸気船も子供たちを乗せている。さらに、航海訓練に使われた船も港で子供たちを乗せ教えている。一九八二年建造のその船の名称は'Pride of Bristol'である。

5　水都の経営感覚と経営戦略

イギリスの水都を歩いてみて感銘するのは、さまざまな市民や、市民団体の熱心な参加であるが、同時に考えさせられるのは、見事といってよいほどの行政の都市経営感覚、そして都市経営戦略である。これを理解するため、少々長く詳細にわたるが、イギリスの代表的な都市再生の一つ、バーミンガムでの例をみてみよう。バーミンガム都心運河地区、ブリンドレー・プレイス再生への道のりである。

ロンドンにつぎ一〇〇万人の人口を持つ大都市バーミンガムは、現在、イギリスのベネチアとも呼ばれるくらい美しい都心部水辺空間の再生に成功している。現在に至ったバーミンガム市の長期的な都市経営の一部を、官民連携および資金調達の観点から少しフォローしてみる。

バーミンガムは、産業革命以降、鉄と石炭を基盤に繁栄した内陸工業都市である。一九七〇年前後からの衰退は著しく、まちに失業者があふれ、市の中心部は荒れた風景そのものであった。不況当初は自律的な経済発展も難しく、市は、第三次産業への構造転換の原動力の一つをコンベンション誘致に求めた。コンベンション産業は、まずは外部需要に期待する形の地域戦略の一つでもあり、域外からの客による経済効果を狙うもので、市はこれを都市経済再生の起爆剤として位置づけた。同様な構造を持つ地域経済戦略として観光産業という方途もあるが、いうまでもなく、観光資源はほとんどゼロ、というよりも煤《すす》けた負の観光資源を持つに等しかったバーミンガムである。

一九七〇年代当初、ロンドンも見本市展示会場などコンベンション施設の展開計画を持ってはいたが結果的に実現せずにおり、政府はナショナルエキジビションセンター（NEC）の建設計画地を探していた。そこにバーミンガムが名乗りをあげ、市および市商工会議所はすぐにNEC会社（有限責任会社）を設立し建設計画をスタート、同計画を国が認可するところとなった。場所は市中心部ではなく、南に約一〇キロメートルの郊外部にある国際空港の隣接地である。このような施設はアクセスが決定的に重要という判断である。七六年に第一期がオープン、駅がそのまま会場入り口となる新駅の開設、空港からの磁気浮上移動装置（当初）、高速道路乗り入れなど、徹底的にアクセスにこだわった結果、これまでロンドンで開催されていたイベントがかなり移動してくることとなった。展示会場、アリーナ、ホテルのコンプレックスである。

その後、NECは拡大を続けるが、一九八〇年代末から九〇年代にかけて合計二億ポンド強を投資し大幅な拡張をする。国の補助金と市の財政資金で始まったNECは、当初一九八九年には、EUの構造基金の一つである欧州地域開発基金（ERDF）から建設資金の約二割の補助金を得ており、残りは市の財政負担で賄っていた。続く一九九三年では、同じくERDFから約二割を得ているが、残りはNEC会社が、市の元本保証のもとに民間借り入れをしている。徐々に力をつけてきたNEC会社は、一九九八年の拡張時には、別途にNEC株式会社（上場企業）を官民協同体（PPP）として、NEC会社と民間のメディア・展示会グループ（EMAPビジネスコミュニケーション社）で設立、株式市場から資金調達をはじめている。

このように、NECで各種の経験を積みつつ、バーミンガム市は、本格的なコンベンション都市をめざし都心部の再生を進めていく。一九九一年に中心市街地西側に、国際コンベンションセンター（ICC）およびシンフォニーホールをオープン、隣接の美術館など文化施設と一体となって文化・交流ゾーンを形成することになる。ICC・シンフォニーホールの建設に当たっては、NEC会社がその経営主体に選ばれ、総額一億八〇〇〇万ポンドのうち、五〇〇〇万ポンドをERDFからの補助金で調達、残りは転換社債発行をNEC会社が仕掛けている。ICCでは、完工当初から国際オリンピック委員会が開催されたり、G8サミット会場になったりと、大小のコンベンションが続けて活発に展開され現在に至っている。

このような流れの中で、ICC建設とほぼ同時期に、ICCに近接するゾーンにスポーツ会場であるナショナル・インドア・アリーナ（NIA。経営主体はNEC会社）を建設することになる。バーミンガムはイングランド中の運河の集まるハブ都市であるが、ICCとNIAは、まさにそのハブのさらに中心である運河集積のウォーターフロントに接している。これまで、見捨てられていた中心市街の運河ゾーンであるが、コンベンション都市政策の中で、観光ポイントの乏しいバーミンガムの宝物であるという認識が高まっていく。NIAの建設費は、五一〇〇万ポンドである。そのうちの二二〇〇万ポンドを市が、三〇〇〇万ポンドを英国スポーツカウンシルが拠出するが、残りは、民間デベロッパーの資金提供となる。

この資金提供の見返りとなったのが、まさに、コンベンションクォーターの一部分を占める隣接の都心運河集積地ブリンドレー・プレイスに対する民間の開発計画への許可である。コンベンションによる集客は、同地の開発ポテンシャルを大きく高め、以後、最近に至るまで民間を含む積極投資が続いている。現在、ブリンドレー・プレイスは美しく磨き上げられ、かつての引き馬の道はキャナル・ウォークとして遊歩道となり、ホテル、レストラン、ショップ、パブが水際に並び、水面には運河めぐりの船やナローボートが行きかう。コンベンションを盛り上げる装置として相乗的に機能している姿である。

バーミンガムは、コンベンションを一つの材料に都市経営のノウハウを厚く蓄積してきたといえる。そして、運河再生とコンベンションをベースに、現在バーミンガムが向かうその先は、芸術・文化の創造都市である。芸術・文化戦略が市の基本として設定されている。すでに、芸術学校や、芸術創造空間としての低家賃スタジオなどが稼動しており、さらに続々と、芸術関連の施設整備が進みつつある。

以上が、コンベンションをベースに芸術文化産業に力を入れはじめたバーミンガムの、運河集積地区ブリンドレー・プレイスを様変わりさせ、これまでの工業都市のイメージを一新させた都市経営の例であり、長期にわたる都市経営戦略の例である。

ロンドンやリバプールをはじめ、イギリス各都市それぞれが、上述バーミンガムのような行政サイドの強い経営感覚や経営戦略をもっている。それらは、もともと都市自治のなり立ちに起因する歴史的なものでもあり、国の分権型行政による制度的なものでもあるが、敏感な経営感覚の源泉を尋ねれば、そのポイントは強力な官民連携である。

この点、ブリストルの官民連携はいわば筋金入りである。もともと、中世から近世、行政が民間団体であるマーチャント・ベンチャー協会と一体的に市を運営してきた都市である。いいかえれば、官が民に限りなく近い思考や行動パターンの遺伝子をもっているのである。長く港湾経営に携わり、常に環境変化や競争条件にさらされる中でスピード感のある意思決定をしてきた集団が、ブリストル市という行政体である。イギリス全体が、ニュー・パブリック・マネジメントを志向し、ＶＦＭの考えのもと、ＰＦＩやＰＰＰの本家となって既に久しいが、ブリストルはその先端を走ってきたといえる。

ブリストルは、このたび、二〇一五年の「欧州グリーン首都（European Green Capital）」の受賞都市に選ばれた。欧州連合および加盟候補国などにおける人口一〇万人以上の都市の政策や計画に対し、欧州委員会、欧州議会、ＥＵ地域委員会の代表者からなる審査を経て決定されたものである。ブリストル市は、交通・都市政策、エネルギー政策において欧州における低炭素都市のモデルをめざしており、着々とその施策を具体的にはじめている。産業政策やさまざまな社会政策においても一歩先を走らんとしている都市である。

あとがき

ブリストルの古書店でふと手に取った *BRISTOL ENGLAND* と題された半世紀以上前の本。表紙裏の見返しに、息子たちへの贈り物なのか、名前とともに"May you grow & feel real Bristolian like us"（真のブリストリアンになりますように）、と太くペン書きがしてあった。

ブリストルは、誇りに満ちた人々の住むまちである。ロンドンのような大都市ではないが、本物の都会といった雰囲気に包まれている。長いことイングランド第二の地位を競った歴史ある地方都市である。「太陽の沈まない国」、「パックス・ブリタニカ」の大英帝国は海事によって成し遂げられたが、その本拠地の役目を中世以来果たしてきたのがまさに港湾都市ブリストルであった。新大陸アメリカにいち早く到達したのもブリストルからの船であったし、商人や開拓者が世界に活躍の場を拡げていったのも本拠地ブリストルからであった。そのようなブリストルは世界都市といってよい。たとえば、アメリカだけでも三〇以上のブリストルというまちの名前がある。いうまでもなくそれらのルーツはこのイギリスのブリストルである。

過去の栄光だけではない。現在も、裕福で繁栄している都市、彼らの言葉を借りればプロスペラス・シティである。まちは蓄積された富の象徴としての落ち着いたたたずまいを持っている。ハイテクの象徴ともいえる航空機製造業では従来から全英一の拠点である。地域の経済力を示す銀行・保険の伝統や、クリエイティブな文化芸術産業の存在は、それらを担う有能で多彩な人材の集積を示している。

ブリストルは産業都市である。しかし、かつて石炭燃料を多用したような工業都市ではなく、長い交易の歴史の中から多様な産業が発達した商工業都市である。したがって、産業革命期に工業に特化して勃興しそののち急速に衰退、今もって一部に煤《すす》けた感を残しているミッドランド等にある旧工業都市群とは趣がずいぶん異なっている。産業都市ブリストルの発展において、ロンドンの真西、大西洋側というポジションは、とりわけ大航海時代において断然有利であった。そして今、ハイテクや金融、クリエイティブ産業において、ロンドンとの日帰りも容易に可能な時間距離は、強い有利さを持っている。もちろん、ヨーロッパ各地とつなぐ国際空港も市内にある。

ブリストルは、天賦の好条件に恵まれていたわけではない。むしろ不利を有利に変え、したたかに対応を続けてきたのがブリストルである。操船に難が生じる強い潮流をもつエイボン川は、蛇行し峡谷の存在などもある扱いにくい川であった。しかし、それらを逆手に取り外敵からの防御のために使ったのがブリストルの初期立地としての川港である。世界有数の干満差を船の推進力としてうまく活用することによって港は栄えもした。ところが、時代とともにその干満差が港湾発展のネックとなってきた。そこで考え出され実行されたのが、フローティング・ハーバーの建設であった。世界でも珍しい広大な静穏水域の港湾となり、ブリストルの発展に大きく寄与していった。しかし、さらにそれもまた、川港としての制約から発展に限りがでてくる。そこで、ブリストルは河口部での新港建設に移っていくのである。衰退する旧港の問題解決がまた次の課題となった。

時代々々において生起するそれぞれの難問に対し、一つ一つ独特の解を見いだし、果敢に実行していったのがブリストルである。中世以来のマーチャント・ベンチャーの精神が息づき、幅広いネットワークと挑戦の心意気を商業者や事業者は持っていた。また、マーチャント・ベンチャー協会と二人三脚で行われていた市行政も、長い港湾経営で培った鋭い経営感覚を身につけていた。そして何よりも、まちへの強いアイデンティティと誇りを持つブリストリアン（ブリストル市民）がそれらを支えたのである。市街地内の旧港フローティング・ハーバーは、時代が変わり今まさにブリストルを支える重要な都市の装置にあらためてなりつつある。その復活のプロセスは、見事であるといってよい。身の丈に応じた漸進的な再開発も、彼らが長い間に獲得した実質を重んじる賢明な都市経営手法の一つであった。

ブリストルがそのように力強くダイナミズムに溢れた都市であったこと、また現在もそうであることは、やはり同地に行くまでは実感として理解し得なかった、というのが筆者の正直なところである。たまたま縁あって、二〇〇六年の春からその年の冬にかけ西イングランド大学（UWE Bristol）の都市環境・計画センターに身を置いたのが、このブリストルをより深く知る機会となった。まちを歩き、まちの人々に触れるにしたがって、このまちは只者ではない、との感を強くする日々であった。

特別自然美観地域であるコッツウォルズは、ブリストルのいわば地域内である。観光保養都市バースは、電車で一五分もかからない隣町である。バースに住み、時々ブリストルに仕事をしに来る老婦人もいる。逆に、ブリストルのウォーターフロントに住み、バースの設計事務所に通う若い建築家もいる。コッツウォルズの小さな村に住んで、ブリストルの大学で教鞭をとる先生もいる。どれもがロンドンでは難しい洒落た今日的ライフスタイルである。ＢＢＣ（英国放送協会）の動植物ものや自然ものの番組制作は、このブリストルでほとんど行われており世界にも配給されている。ブリストルは有数のメディア拠点でもあるが、その立地から生まれる現代風のお洒落なライフスタイルと関係あるかもしれない。

いうまでもなくイギリス人は、ブリストルというまちをよく知っている。ブリストルの歴史や位置づけを語れない中高生以上の人は少数であろう。神戸や長崎がどのような都市かを知らない日本人はいないのと同じである。しかし、日本では意外なほど知られていないのがブリストルである。そのようなブリストルについて、いつか何らかの形で書いてみたいと思っていた。なかでも、壮大なフローティング・ハーバーの歴史とそのドラスティックな用途転換については、ぜひとも紹介しようと思っていた。イギリスの港湾都市や水辺都市を一応幅広く見聞したこともあり、二〇〇八年度に「イギリス都市における都心水辺再生の動向」と題して、筆者の属する法政大学エコ地域デザイン研究所で発表したりしてきてはいた。

二〇一二年の春、同研究所の陣内秀信所長、森田喬教授と筆者の三人で、イギリスとアイルランドに出かけいくつかの水都の現地調査を進めた。ブリストルでは、市などの関係者にヒアリングし、フローティング・ハーバーの現場を詳細に調べることもできた。これをきっかけにして、同研究所内でイギリス水都の研究会が何度か開かれ、その成果物が『イギリスの水都研究』として二〇一三年に同研究所から発刊されている。

本書は、このような経緯のもと、陣内所長からの強い推薦もあり、同研究所の「水と〈まち〉の物語」シリーズとして出版に至ったものである。対象は、研究者を含んでいるが、どちらかというと広く一般読者を想定して著したものである。ブリストルについては、日本の研究者の間で、商業史的な研究、政治史的な研究、さらに、奴隷貿易廃止運動の研究など、ブリストル独特のいくつかの面からの深い研究がなされているが、その数は少なく、形も専門論文もしくは専門書内における記載である。ブリストルに関係する記事を載せたわが国の一般書物としては、ブリストルの中の比較的低所得地域におけるコミュニティ再生など市民活動をとりあげたレポートや、水辺再生の現代建築を中心に写真で紹介した建築ガイド、もしくは八〇年代の私的な滞在生活エッセーがある。それぞれ現場感覚に溢れ、ブリストルの一部を知るには興味深いものである。しかしながら、わが国でブリストルのまちそのものを取り上げた書物、都市形成の過去現在を包括的に取り上げたものは皆無といってもよかろう。

都市ブリストルの形成と発展をみる場合、やはり、港との関係でみていくのが最大のキーである。ブリストル港、エイボン川、セバーン入江、ブリストル海峡、大西洋といった水のつながりでブリストルをズームアウトしながら捉えるとその特徴がよくわかる。そして、一方ミクロ的には、とりわけ、ブリストルの基軸といってよいフローティング・ハーバーについて詳細にみていくと、またブリストルの過去現在の姿が鮮明に浮かび上がってくる。本書では大きくこのような構成にした。さらに、ブリストルのポジションを、イギリス全体の水都形成の歴史といった横断的な観点からも眺め、ブリストルという都市を考えてみることにした。

水がすべてとつながっているように、ブリストルという一つの都市の歴史が、実は世界の歴史と連動していることの一部が理解できるかもしれない。ブリストルはまさにそのようなまちである。ブリストルをみれば世界がみえる、というのはあながち大言壮語でもないと筆者は考える。事実はその通りであると思われるが、本書でそれをどこまで表現できたかは心もとない限りである。その意味では、今後さらに多くの方々によるブリストル研究や、ブリストル紹介がなされることを大いに期待したいものである。本書がそのための若干の道標にでもなれば、筆者は幸せである。

ブリストルに一時滞在後、別の年度の研究休暇を利用するなどして何度か訪れてみた。そのたびに新たな発見がある。歴史ある都市だけにトリビアも多い。筆者の好きなブリストルのトリビアは、あのビクター商標犬のニッパー君である。彼は一八八四年のブリストル生まれで、ブリストル大学の小さな建物の角にブループラーク（銘板）とともに、ちょこんと座っている。レコードの声の主である亡くなった主人は、当時、ブリストルでは大型館の一つであったプリンス劇場の風景画家をしていた人である。イギリスの絶頂期、ブリストルではフローティング・ハーバーが役割を最も果たしていた華やかな時代の心温まるひとコマである。

あとがきを記すにあたって、多くの方にお礼を申し上げなければならない。西イングランド大学に机を用意してくださった、都市環境・計画センター（当時）のアンジェラ・ハル所長（現ヘリオット・ワット大学教授）は、いつも優しく筆者に対応してくださった。言い尽くせぬ感謝の意を表したい。彼女がいなければ、そもそもブリストルに滞在することもなく、この本もありえなかった。同センターのメンバーはイギリス各地の自治体やヨーロッパから来ていた。EUサステイナブル都市研究の中心者であるデビッド・ルドロー主任研究員には、多くの資料を教えていただき、また、ブリストルの地政を知るためウェールズ国境の古城の配置を一緒にフィールド調査していただくなど、たいへんお世話になった。このほか、ブリストルの人々を逐一あげれば紙面が尽きてしまうが、一人だけあげるとすれば、たまたま当時、同大学図書館で司書をされていたカズコ・イソヤマ女史と知り合ったことが大きい。拙妻の旧知でもある女史には、公私にわたって親切にしていただいた。さまざまな世代や立場のブリストリアンと数多く知り合えたのも彼女がいればこそであった。今もブリストルで孤軍奮闘されている彼女に心からエールを送りたい。
本書の作成に当たっては、法政大学出版局の郷間雅俊編集部長、そして、編集を担当された同出版局OBの秋田公士氏にお世話になった。秋田氏は、筆者の乱雑な原稿を丁寧にチェックし、適切な整理をしてくださった。厚くお礼を申し上げたい。
あとがきを閉じるにあたって、筆者の尊敬するアメリカの行動派未来学者、ヘイゼル・ヘンダーソン博士の詩の一節を記しておきたい。彼女もまた、ブリストル生まれである。

もっと深くに進み、うちに秘めた栄光を見出せ。(中略)
すべてが聖なるものならば、愛に満ちる者たちの、内なる光と敬意とが、来る明日を照らし出す。
(尾形啓次訳『地球市民の条件』、新評論、一九九九年、より)

なお、本書は、文部科学省・科学研究費助成金基盤研究(S)「水都に関する歴史と環境の視点からの比較研究」(代表者:陣内秀信)による一連の研究活動の一部であることを付記しておく。

二〇一四年　盛夏

石神　隆

参考文献

書籍

Andrews, A. & Pascoe, M., *Clifton Suspension Bridge*, Broadcast Books, 2008.
Aughton, P., *Bristol: A People's History*, Carnegie Publishing, 2000.
Benbrook, I., *Bristol City Docks*, Redcliffe Press, 1989.
Boddy, M., *Urban Transformation and Urban Governance*, The Policy Press, 2003.
Bolton, D., *Made in Bristol*, Redcliffe, 2011.
Brace, K., *Portrait of Bristol*, Robert Hale, 1971.
Brown, H. G., *Bristol England*, Rankin Brothers, 1946.
Brown, H. G. and Harris P. J., *Bristol England: City of a Thousand Years*, Burleigh Press, 1964.
Buchanan, A. et al., *Industrial Archaeology of the Bristol Region*, David & Charles, 1969.
Buchanan, R. A., *Brunel: The Life and Times of Isambard Kingdom Brunel*, Hambledon Press, 2002.（大川時夫訳・佐藤建吉監修『ブルネルの生涯と時代』ＬＬＰ技術史出版会、二〇〇六年）
Buchanan, R. A. and Cossons N., *Industrial History in Pictures: Bristol*, David & Charles, 1970.
Byrne, E., *Isambard Kingdom Brunel: A graphic biography*, Brunel 200, 2006.
Byrne, E. et al., *The Bristol Story*, Bristol Cultural Development Partnership, 2007.
Carus-Wilson, E. M. (ed.), *The Overseas Trade of Bristol, in the later Middle Ages*, Merlin Press,1967.
Chalklin, C., *The Rise of the English Town 1650-1850*, Cambridge University Press, 2001.
Chilcott, J., *Chilcott's descriptive history of Bristol*, Chilcott, 1849.
Clark, P. and Slack, P., *English Towns in Transition 1500-1700*, Oxford, 1976.（酒田利夫訳『変貌するイングランド都市』三嶺書房、一九八九年）

Corfield, P. J., *The Impact of English Towns 1700-1800,* Oxford Universitiy Press, 1982.（坂巻清・松塚俊三訳『イギリス都市の衝撃』三嶺書房、一九八九年）

Day, J., *Bristol Brass: A History of the Indutry,* David & Charles, 1973.

Dresser, M. and Ollerenshaw, P. (ed.), *The Making of Modern Bristol,* Redcliff, 1996.

Dresser, M. et al., *Slave Trade Trail around Bristol,* Bristol's Museums, Galleries & Archives, 1998.

Dyer, A., *Decline and growth in English towns 1400-1640,* Cambridge University Press, 1995.

Eveleigh, D., *Bristol the Photographic Collection,* Sutton Publishing, 2003.

Eveleigh, D. J., *A Century of Bristol,* Sutton Publishing, 1999.

Fleming, P. & Costello K., *Discovering Cabot's Bristol: Life in the Medieval and Tudor Town,* Redcliffe Press, 1998.

Harris, P., *Bristol In The Middle Ages,* The Historical Association Bristol Branch, 1999.

Harvey, C. and Press, J., *Studies in the Business History of Bristol,* Bristol Academic Press, 1988.

Hunt, W., *Bristol,* Longmans and Green, 1889.

Hussey, D., *Coastal and River Trade in Pre-Industrial England: Bristol and it's Region 1680-1730,* University Exeter Press, 2000.

Jackson, G., *The History and Archaeology of Ports,* World's Work, 1983.

Jeremiah, J., *The Bristol Avon, A Pictorial History,* Phillimore & Co., 2005.

Keen, L. (ed.), *'Almost the Richest City' Bristol in the Middle Ages,* The British Archaeological Association, 1997.

King A., *The Port of Bristol,* Tempus Publishing, 2003.

Lewis, B. et al., *Bygone Bristol, Hotwells and the City Docks,* Janet and Derek Fisher, 2005

Lewis, B., *Bristol City Docks Through Time,* Amberley, 2009.

Latimer J., *The History of the Society of Merchant Venturers of the City of Bristol,* J. W. Arrowsmith, 1903.

Little, B., *The Story of Bristol,* Halsgrove, 2003.

Lynch, J., *For King & Parliament: Bristol and the Civil War,* Sutton Publishing, 1999.

McGrath, P. ed., *Bristol in the Eighteenth Century,* David Charles, 1972.

Malpass, P., *The Bristol Dock Company, 1803-1848*, ALHA (Avon Local History & Archaeology) Books, 2010.
Malpass, P. and King, A., *Bristol's Floating Harbour: The First 200 Years*, Redcliffe Press, 2009.
Marshall, P., *Bristol and the Abolition of Slavery*, Bristol Branch of the Historical Association, The University of Bristol, 1975.
Morgan, K., *Bristol & the Atlantic Trade in the Eighteenth Century*, Cambridge University Press, 1993.
Nicholls, J. F., *How to see Bristol*, J. W. Arrowsmith, 1885.
Nicholls, J. F. and Taylor J., *Bristol past and present*, Vol. I-III, J. W. Arrowsmith, 1881.
Richardson, D., *The Bristol Slave Traders: A Collective Portrait*, Bristol Branch of the Historical Association, The University of Bristol, 1985.
Sherbourne, J., *The Port of Bristol in the Middle Ages*, Bristol Branch of the Historical Association, The University of Bristol, 1999.
Shipsides, F. and Wall, R., *Quayside Bristol*, Redcliffe Press, 1992.
Shipsides, F. and Wall, R., *Bristol: maritime city*, Redcliffe Press, 1981.
Southville Community Development Association, the, *A Celebration of the Avon New Cut*, Fiducia Press, 2006.
Tann, J., *Wool & Water: The Gloucestershire Woollen Industry and its Mills*, The History Press, 2012.
Vanes, J., *The Port of Bristol in the Sixteenth Century*, Bristol Branch of the Historical Association, The University of Bristol, 2000.
Williams, E., *Capitalism and Slavery*, University of North Carolina Press, 1944.（中山毅訳『資本主義と奴隷制』理論社、一九八七年）

主な公的資料

Bristol City Council, *Bristol Development Framework*, Bristol City Council, 2012.
Bristol City Council, *A Development Plan For The City Docks And For The Bristol Floating Harbour*, Bristol City Council, 1998.
Bristol Docks Committee, *The Port of Bristol: Official Handbook*, Bristol Docks Office, 1904.
Corporation of the City and the Society of Merchant Venturers, *Explanation of the Plan proposed for the Improvement of the Harbour of Bristol*, Bristol Corporation, 1802.

主に使用したウェブサイト

http://www.brh.org.uk/gallery/millerd_map/millerd_hi_res.jpg

その他（ブリストルに言及のある一般和書）

田中知子『きょう、ブリストルで──イギリス留学奮戦記』三修社、一九八七年。

中島恵理『英国の持続可能な地域づくり』学芸出版社、二〇〇五年。

樋口正一郎『ヨーロッパ建築ガイド──イギリスの水辺都市再生』鹿島出版会、二〇一〇年。

初出一覧

序章の一部

「ブリストルだより　①歴史的遺産を活かすクリエイティブシティ」、法政大学『雑誌法政』二〇〇六年六月号。

「ブリストルだより　②未来のブルネルを探そう」、法政大学『雑誌法政』二〇〇六年七～八月号。

第Ⅰ・Ⅱ章の一部

「水都ブリストル」、陣内秀信・石神隆監修『イギリスの水都研究』二〇一三年八月、科学研究費補助金基盤研究（S）報告書（第5章）所収。

第Ⅲ章の一部

「イギリスの歴史・産業発展と水都」、陣内秀信・石神隆監修『イギリスの水都研究』二〇一三年八月、科学研究費補助金基盤研究（S）報告書（第1章）所収。

終章の一部

「イギリス都市における都心水辺再生の動向」、法政大学エコ地域デザイン研究所編『法政大学エコ地域デザイン研究所二〇〇八年度報告書』二〇〇九年三月、所収。

著　者

石神 隆（いしがみ たかし）

法政大学人間環境学部教授，同大学エコ地域デザイン研究所研究員．

1947年静岡県生まれ．70年東京工業大学卒業，72年同大学院（経営工学専攻修士）修了．73年日本開発銀行（現日本政策投資銀行）入行．97年に同行を退職するまで，調査部，設備投資研究所，地方支店（金沢，鹿児島，広島）等で，主として地域開発の調査研究および企画業務に携わる．この間，国際開発センター，米国ブルッキングス研究所，日本経済研究所に派遣出向．97年より法政大学教授．99年人間環境学部および2003年大学院環境マネジメント研究科教授，現在に至る．著書に，『情報化と都市の将来』（共著，慶應義塾大学出版会）ほかがある．人間生活・地域社会・自然環境にバランスのとれた豊かさの質の長期的な維持発展をめざして，複合的な眼で調査研究や身の丈の活動を進めている．

水都ブリストル――輝き続けるイギリス栄光の港町

2014年10月10日　　初版第１刷発行

著　者　石神 隆 © Takashi Ishigami

発行所　財団法人 法政大学出版局

〒102-0071 東京都千代田区富士見 2-17-1

電話 03（5214）5540／振替 00160-6-95814

組版：秋田印刷工房，印刷：平文社，製本：積信堂

ISBN 978-4-588-78006-6

Printed in Japan

港町のかたち　その形成と変容
岡本哲志 著 ……………………………………………………水と〈まち〉の物語／2900円

江戸東京を支えた舟運の路　内川廻しの記憶を探る
難波匡甫 著 ……………………………………………………水と〈まち〉の物語／3200円

用水のあるまち　東京都日野市・水の郷づくりのゆくえ
西城戸誠・黒田暁 編著 …………………………………………水と〈まち〉の物語／3200円

タイの水辺都市　天使の都を中心に
高村雅彦 編著 …………………………………………………水と〈まち〉の物語／2800円

水都アムステルダム　受け継がれるブルーゴードの精神
岩井桃子 著 ……………………………………………………水と〈まち〉の物語／2800円

水都学 I　特集「水都ヴェネツィアの再考察」
陣内秀信・高村雅彦 編 ………………………………………………………………3000円

水都学 II　特集「アジアの水辺」
陣内秀信・高村雅彦 編 ………………………………………………………………3000円

水辺から都市を読む　舟運で栄えた港町
陣内秀信・岡本哲志 編著 ……………………………………………………………4900円

都市を読む＊イタリア
陣内秀信 著（執筆協力＊大坂彰）……………………………………………………6300円

イスラーム世界の都市空間
陣内秀信・新井勇治 編 ………………………………………………………………7600円

銀座　土地と建物が語る街の歴史
岡本哲志 著 ……………………………………………………………………………6300円

和船 I・II　ものと人間の文化史 76
石井謙治 著 ………………………………………………………（I）3500円（II）3000円